2016 年度山东省重点招标项目“生态伦理研究”最终成果
本书得到山东省中华优秀传统文化传承创新工程项目
“儒家哲学研究丛书”经费支持

儒家哲学研究丛书
山东社会科学院国际儒学研究与交流中心主办
涂可国　主编

重建天人观：

生态伦理研究

涂可国　杨　冬　著

中国社会科学出版社

图书在版编目（CIP）数据

重建天人观：生态伦理研究 / 涂可国，杨冬著．—北京：中国社会科学出版社，2020.11

（儒家哲学研究丛书）

ISBN 978－7－5203－7324－1

Ⅰ．①重…　Ⅱ．①涂…②杨…　Ⅲ．①生态伦理学—研究　Ⅳ．①B82－058

中国版本图书馆 CIP 数据核字（2020）第 186792 号

出 版 人　赵剑英
责任编辑　孙　萍
责任校对　刘　娟
责任印制　王　超

出　　版　中国社会科学出版社
社　　址　北京鼓楼西大街甲 158 号
邮　　编　100720
网　　址　http：//www.csspw.cn
发 行 部　010－84083685
门 市 部　010－84029450
经　　销　新华书店及其他书店

印　　刷　北京君升印刷有限公司
装　　订　廊坊市广阳区广增装订厂
版　　次　2020 年 11 月第 1 版
印　　次　2020 年 11 月第 1 次印刷

开　　本　710×1000　1/16
印　　张　16.25
字　　数　219 千字
定　　价　89.00 元

凡购买中国社会科学出版社图书，如有质量问题请与本社营销中心联系调换
电话：010－84083683

《儒学哲学研究丛书》

总　序

重建儒家哲学

在当代世界经济政治文化不断向全球化与本土化双向扩展的历史背景下，加强儒家哲学研究是发展中国哲学事业的迫切要求与重要途径。儒家哲学自从孔子创立以来经历了两千多年的发生发展演变过程，其内容随着不同历史时期儒家人物的不断诠释与重构，越来越丰富多样、博大精深；其叙述方式与主题形态也不断发生着改变。虽然儒家哲学的系统化研究从20世纪初伊始已达一百多年的历史，但是当今加强儒家哲学研究仍然“任重而道远”。

一　儒家哲学的基本内涵及主要特征

在笔者看来，“中国哲学”大致具有狭义、中义和广义三种指向。狭义的“中国哲学”主要是指近代以前的中国古代哲学；中义的“中国哲学”是指由中国学人通过创造性思维所生发出来的各种哲学思想，包括从古到今的各种哲学如先秦儒家哲学、两汉经学、魏晋玄学、宋明理学、现代新儒学，以及近代以来中国哲学家自身所提出来的各种哲学创新性理论（如新时期在中国本土上所发展起来的人学、社会哲学、价值哲学、经济哲学、政治哲学等）；而广义的“中国哲学”除了包括中义中国哲学所容纳的各种哲学思想外，还包括作为研究形态的外国哲学（主要是西方哲学）和马克思主义哲学。同样地，儒家哲学也有狭义、中义和广义之分。狭义的儒家哲学单指中国古代不同历史时期儒家所创立的哲学思想；中义的儒家哲学不仅包括古典儒家哲学理论，还包括现代新儒家所创造的各种哲学思想；广义的儒家哲学则在中义儒家哲学基础上还容纳了各种儒家哲学研究成果。应当承认，古典儒家哲学文本尚没有发现有系统化的哲学理论建构，而现代新儒家有许多站在理论理性层面提出了较为体系化的哲学思想。

从儒家哲学的基本内容和逻辑结构来看，按以往哲学分类，它包括以天人合一为特质的本体论、以知行合一为特征的认识论、以阴阳五行为基本内容的辩证法和以以民为本为主体内涵的社会历史观。笔者曾在《社会哲学》一书中提出，如果按照哲学对象来构建哲学理论体系，那么可以把它看作由一总（即研究整个世界一般本质和普遍规律的本体论哲学）、二分（即自然哲学和社会哲学）构成的知识体系。自然哲学包括物理哲学、化学哲学、宇宙哲学、自然辩证法等分支。而社会哲学也即广义社会哲学，它包括历史哲学、人类哲学和中义社会哲学，中义社会哲学则由文化哲学（文艺哲学、宗教哲学、科技哲学、语言哲学……）、狭义社会哲学（经济哲学、政治哲学、法律哲学、管理哲学……）所组成。广义社会哲学也可称为普通社会哲学（或一般社会哲学），其他社会哲学则可称为分支社会哲学。[①] 根据上述对一般哲学内容的规定，儒家哲学大致应包括儒家自然哲学、历史哲学、道德哲学、人类哲学、文化哲学、经济哲学、政治哲学、法律哲学、管理哲学、宗教哲学、教育哲学等。由邵汉明等主编的《儒家哲学智慧》（吉林人民出版社 2005 年版）也对儒家哲学进行了全面的梳理，把儒家哲学分为儒家政治哲学、自然哲学、认识哲学、人生哲学、道德哲学、历史哲学、教育哲学、艺术哲学、军事哲学九

① 参见涂可国《社会哲学》，山东人民出版社 2001 年版，第 4—5 页。

个方面。

对于儒家哲学的主要特征，前贤已做了大量有价值的分析与概括，笔者认为它大致表现在以下几个方面。

一是社会性。从某种意义上可以说，儒家哲学即是社会哲学，这一点，南开大学已故中国哲学史家刘文英教授早已指出。尽管儒学体系中并没有排除对宇宙自然的沉思，如天道学说，但是，一则儒家对天道的追问是为了推演人道及社会历史的常道常理，二则儒家往往把自然之天伦理化、人道化、社会化，三则儒家致思的重心与进路主要放在对人伦政治与理想社会的构建上。历代儒家不断提出各种有关经济的、政治的、社会的或伦理的观点，孔、孟、荀先秦儒家阐发了仁政德治、轻敛薄赋、礼乐教化、安邦定国等政治制度与施政原则，汉代经学也提出了社会体制之学，因而儒家哲学从总体上表现为社会政治哲学。

二是人文性。作为一种弱宗教人学或强人文文化，儒家哲学不同于西方文艺复兴时期与正统神学和中世纪宗教相颉颃的强世俗化人文主义，而在不否定神文的前提下致力于人生哲学的阐释。在价值世界与现实世界的关系上，儒家哲学呈现为内在超越型，而区别于西方外在超越型。在天人关系上，儒家哲学在“天人合一”主题上辩证地认识到天人分立，并把人道置于天道之上。儒家哲学的人文性质还表现在：在致思方式方面侧重于直观、体验、顿悟等人文学方法的运用；在对人的文化心理结构的思考方面，偏重于情感、信念、理想等非认知方面而忽视生物本能、欲望及理知层面；致力于伦理型知识的探寻，不大追求纯粹的知识论体系；缺乏科学理性精神，而人文精神较为发达，等等。儒家哲学的主体形态是人学。正如杜维明先生所指出的，儒学一定意义上就是人学。作为中华文化的主干与核心，儒家哲学源远流长、博大精深，其中最主要地包括两个方面：一是政治哲学思想。历代儒家人物提出了大量关于国家与社会的治道、政道、为政之道等政治智慧。二是人学思想。儒学提出并阐发了极为丰富的有关人生哲学、人生哲理等人生智慧思想。这其中最引人注目的是儒学所提出来的关于为什么要做人、做什么样的人以及如何做人等人学思想。从哲学上说，儒家所阐发的做人思想深刻揭示了做人的意义、目的、理想、途径、方法等为人之道，它展现了人为何存在、向何存在、怎样存在等涉及人的生存与发展问题。在儒家看来，真正的学问就是学做人，从某种意义上说儒学就是为人之学，其理论的基本旨趣就是讲述做人的道理。历朝历代儒家人物把主要精力放在对心性、天人、情欲、身心、境界、修养、生死、待人、处世等人的根本性问题思考上。

三是伦理性。这一点可以从以下几个方面进行理解：首先，儒学本质上是一种以家族主义伦理为核心的道德哲学，由“四书”“五经”所凸显出来的根本命题就是以伦理为本位，以成就圣贤、君子、大丈夫、大人等道德人格为旨归，从而展现出泛伦理主义的思想倾向；其次，儒家道德哲学在整个儒学体系中内容最丰、创获最大、影响最具，它最为广泛地阐述了诸如仁、义、礼、智、信、诚、孝、亲、敬、忠等伦理范畴，深刻地提出了仁者爱人、忠恕而行、见利思义、诚以待人、孝亲为大、和而不同、存理灭欲等道德规范，其伦理学说对儒家文化圈乃至西方世界产生了很大影响；最后，儒家把伦理推及于整个社会生活领域，尤其是儒家哲学致力于政治伦理化与伦理政治化，在为政之道上，它强调“德治”和“礼治”，强调外王必须立足于内圣，强调齐家治国平天下应以诚心正意修身为根基。

四是直观性。作为生长在中华民族国度里的本土哲学，儒家哲学自有其特有的治学传统、思维模式、文化土壤与社会基础。与西方哲学注重于知识性的论证和概念性的思辨不同，儒家哲学具有以下独特的性格：（1）儒家哲学实践理性发达，侧重于生活实践，极力倡导人的圆善智慧与待人处世之道这类现实品格修行，追求知行合一、学行合一，因而可名之为生命的学问。(2) 儒家哲学的运思方式凸显直观性与模糊性，讲究随机点拨，注重运用自己民族特有的符号系统与言、象、意之辨，经验直观地去把握和领会对象的底蕴，强调感悟、直觉与体知，而不太注重概念的清晰性和逻辑性，尽管儒家也大量运用如阴阳、动静、心性、善恶、理气、一多、内外、常变等哲学对偶范畴，对宇宙人生的常道常理进行理性思考，但缺乏概念的逻辑推演。(3) 如果说西方哲学侧重于强调主客二分的两极思维模式的话，那么儒家哲学则更加注重天、地、人、物、我之间的相互感通与整体和谐，强调天、人、物、我主客身心的相依相待与相济相成，致力于把天与人、身与心、自然与名教、个体与整体、生命与意境有机结合起来。(4) 儒家哲学宗教性特征较为明显。在传统中国社会，儒学虽然不是严格意义上的宗教，但它承担着宗教的功能，可以视之为准宗教和亚宗教。尽管子不语怪力乱神，并提出“未知生，焉知死”“未能事人，焉能事鬼”等论断，后世儒家也较为排斥道佛等宗教，但是在儒家哲学思想体系中也容纳了一些天命论、神道论等宗教神学内容，特别是宋明理学吸收了道家、佛家等宗教义理的内容，况且，儒家也提出了一些类似于宗教教义、用于指导人安身立命的终极关怀和道德信仰思想，这些都表明儒家哲学具有宗教性特点。

二　重建儒家哲学的必要性和可能性

自中国哲学学科创立以来，中国哲学的合法性就遭到一些人的怀疑与否定。进入 21 世纪，中国哲学合法性重新被提了出来。在中国哲学合法性危机的语境下，提出重建儒家哲学是否必要与可能，是一个值得深思的问题。

笔者认为，重建儒家哲学具有极其重要的意义，这主要表现在以下三个方面：

一是有助于丰富与完善中国哲学体系。儒家哲学尽管是从属于中国哲学的三级学科，但它是主干，具有悠久的历史性和丰富的多样性，历代儒家根据特定的思想传统、文化资源、社会条件与历史背景推动着儒家哲学的发展。在先秦，儒学即为显学，儒家学派就成为中国哲学思想史中最重要的学派。儒学以强势的道德意识及政治理想成为贯穿中华民族历史的主流价值观。儒家的创始者孔子教导“为仁”的原理以后，各个时代的儒家学者都对人类自我修养及超越的可能提出各种设计，他们所共同承认并以此为基础而发展其本身的思想观点，即是透过这些人类自身由内而外的功夫修养，追求并达到儒家理想的社会政治体制和文化理想。原始儒家是继承中华远古文明思想而来，并特别重视国家社群的维护及个人修养的实践。先秦儒学的理论重点在于思想生活化的落实（如孔子的《论语》与儒家社会哲学精神之提出，孔子的礼乐教化思想，及孟子的行仁政观点等）。简言之，《论语》标出圣人境界的理想，《孟子》说出修养功夫哲学及性善主张的人性论观点。《中庸》明确提出化天道为有德的德性本体论主张，而《易传》即基于上述的德性思想而提出宇宙论世界观。汉儒在解经的过程中加入了当时的科学知识所提供的宇宙论观点，强调天人的互动性。汉以后儒家理论衰微，中国哲学思想的主要课题转向道家与道佛两教的宗教哲学之中。北宋五子的出现，反映了整个时代的精神生活文明已回到儒家本位中来。儒学发展至当代，当代新儒家熊十力、牟宗三、唐君毅等哲学家在经历西方哲学挑战之后重建理论体系，成为当代中国哲学发展中最具有创造力的一套哲学思想，现代新儒家的哲学思想如新理学、新道学等本身就构成了儒家哲学的现代形态。同时，加强对儒家哲学的研究，不仅可以为马克思主义哲学和西方哲学的研究提供参照系、精神动力和思想资源，还可以为中国哲学各分支学科的发展提供思想素材、知识背景与方法规范。

二是有助于推动儒家哲学事业的发展。对儒家哲学文本进行创造性解读与分析，可以为儒家哲学重建提供丰富的思想资源。现有的儒家哲学研究也存在着许多薄弱环节与问题：除邵汉明等人编著的《儒家哲学智慧》之外，对儒家哲学进行系统化、体系化的研究论著还比较少；对儒家许多二线思想家哲学思想的挖掘还有待进一步开拓；有关儒家哲学的一些范畴、命题、概念、观点也没有真正做到客观的认知与真切的把握，例如《论语》中的"仁"字到底是否是"人"字的误用还存在很大的争议。为此，儒家哲学的重建工作就成为一个较为迫切的时代课题。虽然中国学者把儒家哲学作为信仰体系来加以倡导和构建的人不多，但是把儒家哲学研究作为终身职业却被越来越多的人所接受，而这本身即有力地促进了儒家哲学的发展。

三是为当代人提供人生智慧、道德规范、行为指导和精神动力。儒家哲学并不是无用的过时的哲学，它对于当前的社会发展与个人发展都具有现实作用。这主要取决于以下两点：首先，儒家哲学具有普世性。对儒家哲学普世性的品格，中国社会科学院李存山先生做了系统阐发。笔者认为，儒家哲学之所以具有普遍性特质，是因为儒家哲学虽然生长在中国传统的自然经济和小农经济基础之上，然而它所要面对和解决的问题如天人、身心、善恶、己他、公私、义利、贫富等，在当代仍在困扰哲人心智；无论是古人还是今人都具有共同的实践结构、社会关系结构和社会环境结构，这些反映到哲学思想中来，使得传统儒家哲学的思想内容在当代仍具有借鉴和启发作用，仍可以为当代人更好地生存和发展提供人生智慧、行为规范和精神动力；哲学的最大特点就在于传承性、抽象性和普遍性，为儒家哲学所创造和运用的各种哲学范畴与原理仍然可以为当代人进行合理的思维和实践活动提供世界观背景和方法论规范。其次，儒家哲学具有丰富性。儒家哲学历史悠久、博大精深、学派林立——孔子之后，儒分为八，从纵向上看，儒家哲学也经历了先秦儒学、汉代经学、魏晋玄学、宋明理学、清代朴学以及现代新儒学等不同的发展形态，这些都为儒家哲学宝库增加了丰富的思想内涵。如前所述，儒家哲学包含着对自然、社会、历史、人生、文化、教育、科技、法律、政治、道德、管理等众多问题的形而上思考，提出了多种多样的哲学命题、哲学范畴与哲学观点，这些至今仍闪耀着真理的光辉，仍是值得吸取的宝贵精神财富，如儒家的民本思想、忠恕之道、礼让情怀、仁义精神、天地境界、诚信观念、求实风格、经世思想、权变态度、中庸方法、贵和理念等，对于现实人生导向与社会理想构建都具有普遍的指导意义。

那么，重建儒家哲学具有多大的可能性呢？

第一，儒学思想体系中包含大量的哲学知识。在今天，许多人主张要远离乃至抛弃儒家哲学的研究范式，而专注于中国儒家思想；有的主张应从儒家哲学回归到儒家研究，以对儒家经史子集的研究代替儒家哲学研究。笔者认为，对儒家思想与儒家经学的研究，既无必要也无可能排斥对儒家哲学的研究，这两方面可以并行不悖、共同发展。要知道，在儒学体系中，本身就包含着极为丰富的哲学思想。在笔者看来，任何对自然、宇宙、人生、文化等对象领域根本性与普遍性问题（本原、规律、过程、结构等）进行概念、逻辑、理性和抽象式思考、体念与追溯，都可以构成为哲学。按此理解，不仅儒家对一些普遍性概念、理念、范畴的探讨是一种哲学，而且儒家对一些社会人生大课题的思考也可以构成为哲学。就辩证法而言，儒家哲学的主体内容不是自然辩证法，而是社会历史辩证法、人生辩证法和实践辩证法。既然传统儒家所提出来的哲学思想已成为既成性的事实，那么以此为对象和基础进行儒家哲学重建工作就具有先在的前提与条件。况且，儒家哲学作为生成性的开放事业也处在不断的发展过程之中，特别是现代新儒家所创建的哲学新形态为我们重建儒家哲学提供了现实的资源。

第二，近代以来许多哲学家、哲学史家对儒学进行了深入研究。

早在20世纪初，梁启超先生不仅提出了“儒家哲学”概念，而且对此进行了较为系统的整理，胡适的《中国哲学史大纲（上）》、冯友兰先生的《中国哲学史》、张岱年的《中国哲学大纲》都涉及了儒家哲学问题，例如胡适的《中国哲学史大纲（上）》专门探讨了孔子的哲学思想。新中国成立以后出版的各种中国哲学史论著，都把儒家哲学作为主要内容进行阐述，并对孔子哲学、孟子哲学、荀子哲学、二程哲学、阳明哲学进行了分门别类的研究。纵观近百年来儒家哲学的研究，大体呈现出以下情形和特点：（1）儒家哲学得到了不同层面与维度的研究，既有立足于中国哲学通史和断代史角度对儒家哲学的重塑与重构，其代表性著作有冯友兰的《中国哲学史新编》、任继愈主编的《中国哲学发展史》、冯契的《中国古代哲学的逻辑发展》等，以及从专题方面对儒家哲学进行研究，其中有葛荣晋的《中国哲学范畴史》、张立文的《中国哲学范畴发展史（天道篇）》、张岱年的《中国古典哲学概念范畴要论》、方立天的《中国古代哲学问题发展史（上下）》、庞朴的《儒家辩证法研究》等；还有从儒学学术或儒家文化维度展开对儒家哲学的研究，如赵吉惠等的《中国儒学史》、刘蔚华等主编的《中国儒家学术思想史》、姜林祥主编的7卷本《中国儒学史》等，同时还有直接从儒家哲学思潮、人物、文本、断代史、专题方面进行探索，如梁启超的《儒家哲学》、兰自我的《孔门一贯哲学概念》、蔡尚思的《孔子哲学之真面目》、杨大膺的《孔子哲学研究》、杨荣国的《孔墨的思想》、胡适的《戴东原的哲学》、邹化政的《先秦儒家哲学新探》、杨泽波的《孟子性善论研究》、李景林的《教养的本原——哲学突破期的儒家心性论》、刘宗贤的《陆王心学研究》、董根洪的《儒家中和哲学通论》等。（2）儒家哲学研究呈现阶段性特点。20世纪初，胡适、冯友兰等人开创了儒家哲学的新事业，进入20世纪20年代以后，随着西学的传入，人们纷纷从科学主义、人文主义、马克思主义角度研究儒家哲学，实现了儒家哲学研究的现代转换。从科学主义经验论哲学角度研究儒家哲学的代表人物是胡适，而立足于人文主义思潮探讨儒家哲学的代表人物是梁漱溟，借用马克思主义唯物辩证法模式研究儒家哲学的代表人物是范寿康。新中国成立以后，从20世纪50年代到改革开放之前，儒家哲学研究侧重于在马克思主义理论范式下得以进行，并主要从唯物主义与唯心主义、辩证法与形而上学角度探讨儒家哲学的内容、作用、性质、地位、属性等问题，这一时期，儒家哲学研究的开创性成果并不多，只是在资料和文献方面有了一些新进展。改革开放以来，儒家哲学研究逐渐呈现出繁荣的局面，不仅拓展了儒家哲学研究的新领域、新问题，系统化理论化的儒家哲学研究成果不断涌现，儒家哲学研究水平也不断提高，儒家哲学还参与到与西方哲学、马克思主义哲学的对话与交流当中。儒家哲学研究的重点，既涉及孔孟荀哲学，也涉及董仲舒、朱熹、王阳明哲学，而儒家人生哲学、道德哲学、心性哲学、价值哲学等成为关注的焦点。应当指出，中国儒家哲学研究一直以来主要采用西方哲学（马克思主义哲学在一定意义上也是一种西方哲学）的概念、范畴、命题、原理进行分析、诠释、重构，这虽然带来了简单化、片面化、去本土化等弊端，但是它毕竟为儒家哲学研究提供了较为合理的理论研究框架，使研究者能够较好地揭示、澄明儒家哲学的概念、命题、学说中的内在理论意蕴，赋予它可以理解、讨论的形式，并进一步激发当代儒学工作者的哲学沉思①，同时提供了极为丰富的儒家哲学研究成果，有力地推动了儒家哲学研究事业，从而为我们进一步重建儒家哲学打下了良好的学术基础。

第三，儒家哲学的丰富多样性为我们重建儒学提供了可能。毫无疑问，按照现代学科分类体系，对儒学分别进行哲学、文学、政治学、社会学、经济学、史学、伦理学、美学等方面的研究，难免有断

① 参见杨国荣《中国哲学：一种诠释》，《天津社会科学》2004年第1期。

章取义、削足适履、片面割裂等局限性，但是一则儒家思想体系内容极为庞杂丰富，包含着多种学科的内容，它为我们从不同学科角度进行研究提供了理论基础；二则作为认识主体，儒学研究者具有抽象能力、分析能力与理论建构能力，完全可以从儒家思想中剥离出哲学思想加以专门研究。儒家哲学的研究并不排斥从一般高度对儒家思想的探讨，也不排斥对儒家经史子集的传统研究方式，完全可以把多种对儒学的研究方式有机整合起来。

三 重建儒家哲学的基本方略

为了更好地重建儒家哲学体系，从而更有力地促进儒家哲学的现代发展，应采取以下几种方略。

其一，深入挖掘儒家文献与儒家思想中的哲学内涵。儒家经典文本是传达儒家哲学思想的重要载体，要实现儒家哲学的重建必须对儒家文本进行客观的理解与科学的解读，做好小学功夫，要在训诂的基础之上深刻揭示儒家哲学的丰富义理，尤其是要对新发现的儒家地下考古资料如荆门竹简与上博竹简进行认真解读。由于儒家哲学思想同其他思想往往融为一体，因而既要注意把一些非儒家哲学思想纳入儒家哲学对象域之中，又要防止对儒家哲学思想的遗漏。

其二，不断丰富儒家哲学研究者的理论素养。要对儒家哲学进行深入、客观、科学的探索，既要有深厚的国学修养，又要具备西学知识背景，同时也要对哲学的基本原理有较好的把握与了解，这就要求从事儒家哲学的研究者要注重培养立体式的、多方面的哲学涵养与知识储备。现代新儒家之所以能够在儒家哲学研究方面有创造性的贡献，就在于他们不仅有中学的底蕴，还具有西方哲学的涵养。

其三，从不同的理论层面加强儒家哲学研究。我们既要立足于中国哲学史这一、二级学科背景把儒家哲学作为重要的组成部分加以研究，还要从儒家哲学的思潮、人物、文本、专题、通史、断代史等角度进行深入的研究。应当说，现有的儒家哲学研究成果在专门性方面有了相当的进展，如对儒家的心学、理学、气学、礼学、仁学等的研究已经出版了大量的有分量的论著，但是也存在着许多不足，正如北京大学教授陈来先生所指出的，我们对宋代张载和明清之际王夫之的思想仍然没有真正理解。为了更好地推进儒家哲学研究事业，就要构建儒家自然哲学、历史哲学、道德哲学、人类哲学、文化哲学、经济哲学、政治哲学、法律哲学、管理哲学、宗教哲学、教育哲学等，以实现儒学适应现代化诉求的创造性转换和创新性发展。

其四，采用不同的理论范式。首先，要运用各种人文社会科学如社会学、文化学、政治学、经济学、人类学等理论成果，对儒家哲学进行实证考察与理论探索，例如，我们可以利用社会学的研究方法做到“知人论世”，深入探讨儒家哲学发生发展的历史渊源、社会背景、历史作用、主要内容等问题。其次，要采用西方哲学新的理论成果对儒家哲学进行新的诠释与解读。这几年，许多学者运用西方现象学、解释学的范式对儒家哲学进行了认真探讨，提出了一些很有价值的儒家哲学新形态，如成中英的本体诠释学、陈来的仁学本体论、吴光的民主儒学、黄玉顺的生活儒学、干春松的制度儒学以及我和韩星、谢晓东创建的社会儒学等。最后，采取不同的理论范式和路径对儒家哲学进行多角度的探讨。存在的就是合理的。一百多年来，中国学者采用西方哲学的模式研究儒家哲学取得了丰硕的成果，这一点具有相当的合理性与现实性，在目前西方文化成为强势文化的背景下，对这种研究范式不应加以简单否定。当然，我们也应该倡导“我注六经”、回归元典的经学致思模式，对儒家哲学进行“内在的理解”与“客观的呈现”。[①]

除上述之外，我们还应具有世界性的眼光，把儒家哲学作为世界哲学的重要构成部分来加以研究，努力促进儒家哲学与西方哲学、马克思主义哲学的互动、互释、互渗，在本土化与全球化的双极之间保持必要的张力[②]，努力推动儒家哲学为世界哲学做出贡献。

涂可国

2020 年 7 月

---

① 参见陈来《“中国哲学”学科的建设与发展的几个基本问题》，《天津社会科学》2004 年第 1 期。

② 参见郭齐勇《中国哲学：保持世界性与本土化之间的必要的张力》，《天津社会科学》2004 年第 1 期。

目　　录

导　言 …………………………………………………………（1）

第一章　生态伦理的基本要义 ……………………………………（1）
一　生态与生态伦理 ………………………………………………（1）
二　环境与环境伦理 ………………………………………………（7）
三　生态伦理与生态文明 ………………………………………（17）

第二章　生态伦理的理论基础 ……………………………………（25）
一　天人相分论 ……………………………………………………（25）
二　天人统一论 ……………………………………………………（32）
三　自然价值论 ……………………………………………………（35）
四　环境功能论 ……………………………………………………（45）
五　自然权责论 ……………………………………………………（53）
六　生态中心论 ……………………………………………………（66）
七　人类中心论 ……………………………………………………（76）

第三章　生态伦理的地位作用 ……………………………………（82）
一　完善社会道德结构体系 ……………………………………（82）
二　建构新的伦理学体系 ………………………………………（86）

三　促进当代中国哲学发展 …………………………………………（90）
四　调节人的社会行为 ………………………………………………（99）
五　维持生态环境平衡………………………………………………（103）
六　构建生态文明发展模式…………………………………………（107）

第四章　生态伦理的规范原则……………………………………（113）
一　生态伦理的主要规范……………………………………………（114）
二　生态伦理的核心原则……………………………………………（133）

第五章　生态伦理的生活祈向：绿色简约生活…………………（141）
一　绿色简约生活的本质内涵………………………………………（141）
二　绿色简约生活的现实价值………………………………………（150）
三　绿色简约生活的人性根源………………………………………（157）
四　绿色简约生活的价值取向………………………………………（164）
五　绿色简约生活的基本理念………………………………………（176）

第六章　生态伦理的现实建构……………………………………（189）
一　树立最优化的生态思维…………………………………………（189）
二　加强生态伦理教育………………………………………………（192）
三　注重环境道德建设………………………………………………（196）
四　继承中国传统生态伦理资源……………………………………（203）
五　推动生态文明建设………………………………………………（206）
六　开展生态道德活动………………………………………………（216）

参考文献……………………………………………………………（220）

后　记………………………………………………………………（232）

导　言

人类一方面源于自然、依赖自然，需要从大自然中获取生存、发展和享受的资源；另一方面由于大自然不可能自动地满足人的所有需要，于是人类不得不发挥主观能动性去改造自然，据此形成了第二自然。随着科学技术的发展和工业化的推进，人类变革自然、利用自然的能力出现了飞跃式的提升，与此同时也带来了动植物灭绝、资源枯竭、沙漠化、环境污染等一系列生态危机问题。正是在这一时代背景下，生态伦理和生态伦理学应运而生，它们试图把道德调控的范围扩展到人与自然的关系上，以此调整人类针对自然环境、自然生态的实践行为，促使人尊重自然生命；主张人类对生态、对自然的开发利用不要超越它们的承受能力，重视节约资源与能源，提倡绿色消费方式；加强生态文明建设，以承担起保护生物多样性的道德责任，缓和人与自然之间的矛盾，促进人类与自然和谐发展，维护地球生态系统的稳定繁荣。

西方生态伦理学经历了 19 世纪下半叶到 20 世纪初的孕育阶段、20 世纪初到 20 世纪 60 年代的创立阶段、20 世纪 60 年代到今天的系统发展阶段。在第一阶段，涌现出了美国乔治·珀金·玛什的《人与自然》(1864)、英国塞尔特的《动物权利与社会进步》（1892)、英国托马斯·赫克斯利的《进化与伦理学》（1893)、美国威廉·詹姆斯的《人与自然：冲突的道德等效》(1910）等著作。在第二阶段，产生了法国史韦泽的《文明的哲学：文化与伦理学》(1923）和《敬畏生命》(1963)、美国学者 A. 莱奥波尔德的《保护伦理学》(1933）和《沙乡年鉴》(1949）等。1923 年，施韦兹发表的论文《文明的哲学：文化与伦理学》在人类思想史上第一次提出了创立生态伦理学的主张。在第三阶段，先后出版了 P. 卡逊的《寂静的春天》(1962)，J. 帕斯莫尔的《人类对自然应负的职责》(1974)，P. 辛格的《动物解放：我们对待动物的一种新伦理学》(1975)，H. J. 麦克洛斯基的《生态伦理学与政治》(1983)，L. 埃利奥特和阿伦·伽的《环境哲学》(1983)，罗宾·阿特弗尔德的《环境关系的伦理学》(1983)，T. 雷根的《根殖地球：关于环境伦理学的新综论》(1984)，H. 罗尔斯顿的《哲学走向荒野》(1986)、《自然界的价值》(1994)、《环境伦理学：自然界的价值和对自然界的义务》(1988)，B. W. 泰勒的《尊重自然界》(1986)，塞申斯与德韦尔的《深层生态学》(1986)，J. B. 考利科特的《捍卫大地伦理学》(1989)，L. F. 纳什的《自然界的权利》(1989）和福克斯的《超越个人的生态学》(1990)，等等。

在一百多年的发展历程中，西方生态伦理学形成了功利主义、生态公正或环境公正、浅层生态学和深层生态学、本土生态、神学生态、政治生态、价值论生态、生物区位主义、扩展共同体、后现代主义、可持续发展、生态女性主义、动物解放论、动物权利论、个体论、整体论、生物中心主义、自然中心主义等思想学说和学派。如果按照伦理主体划分，西方生态伦理学大体可以概括为人类中心主义（强式人类中心主义和弱式人类中心主义）和非人类中心主义两大流派。

西方生态伦理学在不同时期具有不同的研究主题，但总体来说主要有：生态伦理思想的传统文化渊源问题，生态伦理学与主流哲学（如过程哲学）之间的关系，生态伦理学与描述伦理学、规范伦理学、伦理相对主义、功利主义传统、道义论等传统伦理学之间的关系，生态伦理学的价值论、方法论（如功利主义、道义论、情感论、个体主义、整体主义等），环境道德教育以及生态伦理学的应用，等等。在生态哲学的推动下，西方生态伦理学的研究领域不断扩张，研究视域更加多元化，并形成了生态女权主义、生态马克思主义、神学环境哲学、后现代环境哲学等思想。其中关于自然的价值、人与自然的义务与责任问题是当代生态伦理学和环境伦理学关注的焦点，涉及如何确定人对自然的义务、制定这一义务的根据、人对自然的义务的有效性逻辑，人对自然的义务与人际义务的内在关联性，人类对待自然的义务责任如何能够与人类的价值和利益相权衡等问题。

虽然中国传统思想蕴含着较为丰富的生态伦理思想观念，但真正上升到自觉理性的学科高度的生态伦理学是从20世纪80年代末期开始建构的。国内学者在引进和研究西方生态伦理思想的基础上，既从总体上对中国传统文化中的生态本体论基础、生态理念、生态规范、生态美德、法令习俗、生态美学等展开了分析①，又具体而微地分别阐释了儒家的“天人合一”“万物一体”“节用爱物”“取之有度”“参赞化育”“与天地参”“顺应天常”“圣王之制”“和乐之美”等生态环境观②、道家的“万物相系”“道法自然”“三生万物”“天地

---

① 参见佘正荣《中国生态伦理传统的诠释与重构》，人民出版社2002年版；任俊华《建设生态文明的重要思想资源——论中国古代生态文明》，《伦理学研究》2008年第2期；余治平《“生生”与“生态”的哲学追问》，《黑龙江社会科学》2013年第1期；朱耀洪《我国传统生态伦理观及其当代价值》，《人民日报》2014年7月18日；徐兆寿《中国传统文化中的生态文明智慧》，《光明日报》2018年6月16日；陈红兵、杨晓春《传统生态思想文化的局限及其当代转型》，《思想战线》2019年第2期，等。

② 参见任俊华《孔子生态伦理思想发微》，《道德与文明》2003年第6期；任俊华《厚德载物与生态伦理——〈周易〉古经的生态智慧观》，《孔子研究》2005年第4期；任俊华《论儒家生态伦理思想的现代价值》，《自然辩证法研究》2006年第3期；吉恩煦《从〈周礼·地官司徒〉中观儒家人本生态思想》，载张立文主编《天人之辨：儒学与生态文明》，人民出版社2013年版；王丽、杜玉奎《儒家生态伦理之意蕴与建设美丽中国》，《光明日报》2015年7月6日；蔡方鹿《儒家生态伦理思想的现实意义》，《人民日报》2016年1月29日；赵麦茹《先秦儒家的生态伦理思想》，《光明日报》2016年2月12日；林乐昌《论张载的生态伦理观及其天道论基础——兼论张载生态伦理观的现代意义》，载《当代儒学》第12辑，广西师范大学出版社2017年版，等。

合和”“天之道损有余而补不足”“知常曰明”“自然无为”“因循为用”等生态环境观①、佛家的“众生平等”“性空无我”“慈悲为怀”“依正不二”“自他同体”等生态环境观②，等等。在有选择地继承中外生态伦理和环境伦理思想资源的基础上，许多学者紧密结合中国国情，积极探索中国当代生态伦理，从应用伦理学角度努力构建具有中国特色的生态伦理学学术体系和话语体系，逐步形成了自然中心主义、生态中心主义、人类中心主义和人与自然协同进化主义等思潮。

目前，国内生态伦理研究大致在两方面取得了明显进展。一方面是生态伦理。这一领域的主要成果有：余谋昌的《生态伦理学：从理性走向实践》《惩罚中的醒悟——走向生态伦理学》《生态哲学》、余正荣的《生态智慧论》、卢风的《人类的家园》、刘湘溶的《生态伦理学》《生态意识论》《生态文明论》《走向明天的选择》《生态文明——可持续发展的必由之路》、李培超的《自然的伦理尊严》、曹孟勤的《人性与自然：生态伦理哲学基础反思》、傅华的《生态伦理学探究》、何怀宏的《生态伦理学——精神资源与哲学基础》等。另一方面是环境伦理。这一领域的主要成果有：徐嵩龄主编的《环境伦理学进展：评论与阐释》、林娅的《环境哲学》、刘湘溶的《人与自然的道德话语——环境伦理学的进展和反思》、杨通进的《走向深层的环保》等。

① 参见任俊华《论道德经的生态伦理思想》，《湖南社会科学》2005 年第 6 期；蒋朝君《道教生态伦理思想研究》，东方出版社 2006 年版；白才儒《道教生态思想的现代解读：两汉魏晋南北朝道教研究》，社会科学文献出版社 2007 年版；高志民《〈老子〉中的生态伦理思想》，《人民政协报》2015 年 4 月 2 日；陈红兵、杨龙《道家的“无为而治”及其可持续发展意义》，《江苏行政学院学报》2017 年第 2 期，等。

② 参见觉醒主编《佛教与生态文明》，宗教文化出版社 2009 年版；陈红兵《佛教生态哲学研究》，宗教文化出版社 2011 年版；南文渊《藏族生态伦理》，民族出版社 2006 年版；魏德东《佛教的生态观》，《中国社会科学》1999 年第 5 期；任俊华《论中国佛教的生态伦理思想》，中国人民大学复印报刊资料《伦理学》2003 年第 12 期；段玉明《佛教环保技术试析——以峨眉山为例》，《云南社会科学》2009 年第 1 期；高扬、曹文斌《中国佛教生态伦理的思想基础》，《中国宗教》2011 年第 11 期，等。

通过借鉴吸收前贤的已有生态伦理成果，本书着重探讨了六大方面的内容，即生态伦理的基本要义、生态伦理的理论基础、生态伦理的地位作用、生态伦理的规范原则、生态伦理的生活祈向：绿色简约生活和生态伦理的现实建构。本书的主要特色和创新之处体现为三个结合：一是把生态伦理与环境伦理有机结合。毫无疑问，生态伦理与环境伦理呈现出一定的差异性，假如说西方更侧重于环境伦理学的话，那么中国更侧重于生态伦理学，但是从根本上说二者是一致的——正因如此，环境伦理学要涉及生态问题，生态伦理学要关注环境问题，因而本书专门辟出一些篇幅探讨了环境伦理及其与生态伦理之间的关系。二是把生态伦理与绿色简约生活有机结合起来。本书是按照2016年11月召开的第四届尼山世界文明论坛的议题而设计的重大招标课题“生态伦理研究”的最终结项成果，本届论坛的主题是“传统文化与生态文明——迈向绿色·简约的人类生活”，会上通过了《人类简约生活宣言》。为了深入探赜生态伦理与绿色简约生活的关联性，也为了为绿色、简约、适度的生活方式提供伦理基础，本书第五章专门阐述了生态伦理的生活祈向：绿色简约生活。三是把传承中国传统生态伦理思想、借鉴西方生态伦理精华与注重生态伦理理论创新有机结合起来。笔者两人都专门从事儒学研究和中国哲学研究，故此本书用了很大篇幅介绍和阐释儒释道等中国传统哲学的生态伦理思想，尤其倾注于儒家的生态伦理思想。西方生态伦理和环境伦理思想更为系统、更为理性、更为发达，因此本书大量采借了其中的精华和核心，这最为突出地表现在第二章。读者会发现，本书反映了笔者在生态伦理的哲学之思，凝聚了笔者对生态伦理的基本要义、地位作用、现实建构以及自然价值论、环境功能论、生态文明、绿色简约生活等方面的创新性发展。

第一章

生态伦理的基本要义

作为一种伦理形态的生态伦理和作为一门学科的生态伦理学，是随着20世纪中叶以来全球生态危机的加剧和环境保护运动的兴起而产生和发展起来的。生态伦理理论的提出与彰显，目的在于合理指导人的自然生态活动、保护生态平衡与生物多样性、保护与合理使用自然资源。现代生态伦理学区别于传统伦理学的特异之处，在于它不限于用来协调人际关系，而是推及包括大地、空气、野生动植物等在内的自然界。无论是加深对生态伦理的理解和把握，还是更好地认识生态伦理和简约生活之间的关系，都要求我们从总体上探讨生态伦理的基本概念与基本要义。

一　生态与生态伦理

生态伦理作为一个组合性范畴，涉及的基本范畴和命题较多，这里笔者重点阐释生态与生态伦理、环境与环境伦理、生态伦理与生态文明。

（一）生态

生态原意指“住所”或者“栖息地”，最早它主要指自然界一切生物和非生物的生存和发展状态以及不同生物之间、生物与环境之间的关系，后来演化为指健康的、美的、和谐的事物。生态首先指向的是自然生态，而自然生态系统包括无机环境和生物的生产者、消费者和分解者四个部分。正因如此，1866年恩斯特·海克尔首创的“生态学”即是作为“研究生物体同外部环境之间关系的全部科学”的称谓，它被视为生物学的分科，分成个体生态学、群体生态学和生物群落生态学三个层面。①

生态具有多种类型，除了指自然生态外，还指社会生态。而由于广义的社会是由人、文化和狭义的社会组成的，狭义的社会是由经济、政治、法律、管理、社区、社会组织等所构成的，因而生态又分成人际生态、文化生态以及经济生态、政治生态、管理生态、社区生态、社会组织生态等。自然生态与社会生态尽管彼此密切相关、相互影响、相互渗透，可毕竟属于两种不同的生态类型、生态系统。本书所说的“生态”不是宽泛的、包括各种类型的广义生态，而主要指自然生态。

（二）生态伦理

要理解什么是生态伦理，必须把握何为“伦理”。作为动词，“伦”指类比、匹敌、选择和顺其纹理等。作为名词，“伦”的本义表示辈、类等，像“人伦并处”（《荀子·富国》），“儗人必于其伦”②、“毛犹有伦”（《中庸》），其中的“伦”即是指辈、类。有时“伦”也指条理、顺序、道理、义理、意义等。综合来说，“理”具有治理、规律、规则、规范、条理、道理等含义。由此可知，“伦”与“理”尽管存在一定的细微差别，但二者共同具有条理、道理、顺

① 参见［德］汉斯·萨克塞《生态哲学》，文韬、佩云译，东方出版社1991年版，第1页。

② 《礼记·曲礼下》，载《礼记正义》上卷第22，（汉）郑玄注，（唐）孔颖达疏，龚抗云整理，王文锦审订，李学勤主编《十三经注疏》，北京大学出版社1999年版，第52页。

序、道理、义理等含义，故而形成了“伦理”合成词，以此指人与人、人与自然之间合理的道理和行为准则、标准。据此我们可以说生态伦理是关于生态的道理、顺序、道理、准则、标准和规范等。仔细说来，生态伦理分为两个层面：一是人类对待自然及其动植物的伦理；二是自然生态本身体现的伦理特性。

1. 生态伦理是一种新兴的、合理的伦理形态

生态伦理是与自然生态相适应的，它主要指用以调节人与自然生态之间的关系的德性和规范，因而它是属人的。依照传统伦理学，伦理道德仅适用于人类社会，自然本身无所谓伦理；自然界或自然系统并不存在西方“动物伦理学”“土地伦理学”所讲的自然伦理，表面上动物之间存在自我牺牲、关爱、帮助等伦理，实际上这些不过是出乎本能而非自觉的理智，而不是严格意义上的伦理；真正的动物伦理不是西方土地伦理学、动物伦理学所讲的维护包括无机物、动物在内的生物生存、发展、平衡的德性与德行，例如，动物权利、动物解放之类的观念，而是关于调节人与动物关系的伦理观念、道德态度和行为规范。

无可否认，人是世界上最美的花朵，是自然界通过漫长进化而生成的“万物精灵”，也是迄今为止能够证明的宇宙最高物质形态，因而也就存在孟子所说的“人异于动物”的差别性，人也展现出荀子强调的“有气、有生、有知，亦且有义”（《荀子·王制》）的类特质。也许正是如此，唯有人类才提出了生态伦理、动物伦理、生物伦理等问题。但是，撇开人类对待自然及其动植物的伦理不论，即便就自然生态本身体现的伦理特性而言，这一切也不能作为否定生态伦理、自然伦理、动物伦理的充足理由。笔者虽然坚决反对“人不如动物”之类的糊涂说法，也不赞同过于激进的物种中心论，但如同所有生态中心主义者一样，认为生态伦理并不是人类独有的，而是一种可以延伸到自然界的普遍性存在。

第一，自然目的论如果剔除其中的唯心主义、神学主义、预定主义等思想杂质，那么它对自然界目的（外在目的和内在目的）的揭示还是包裹着某种合理成分。不得不说，自然事物大多具有自己的目的性、适应性、选择性，甚至带有人学特质的自由意志。而人也不乏遗传的生物性，所以它有时被界定为“文化的生物”“社会生物体”和“高级动物”。

第二，不仅人是一种情感的存在，一些动物也显示出同情、友善、怜悯、快乐、高兴、欣慰、悲伤等各种情感特质，甚至表现出自我成就感、自尊感等之类的高级情感。一如美国马克·贝科夫说的，动物，至少是那些有相当复杂头脑的动物，有着生动鲜明的个性，能够进行某种理性思维，而且最重要的是它们有感情。[①]

第三，人类学、动物学、生物学等证明，诸如理智、推理、逻辑思维等能力并非是人类独有的规定性，在某些动物尤其是灵长类动物身上能够观察到同样具有这些智慧型心理特征。动物不仅具有和人一样的各种本能——生育本能、母爱本能、利他本能、合群本能等，它们恰好是发展成为道德素质的潜能，同时某些高等动物也有一定的思想，因而彼此之间才能沟通和交流。人的本能不过是从动物本能那里进化而来的，像食色本能、防卫本能、苦乐本能、攻击本能、合群本能等，既是动物活动的心理动力，也是人行为的驱动力——只不过受到理性和文化的控制罢了。

第四，尽管包括彼得·辛格的动物解放论、汤姆·雷根的动物权利论、保罗·泰勒的生物中心主义、考林·斯伯丁的动物福利论、安德鲁·林基的基督教动物伦理思想等西方动物伦理学，存在着诸如动物伦理和动物福利科学之间缺乏交流融合、动物权利理论具有不可调

① 参见［美］马克·贝科夫《动物的情感世界》，宋伟等译，科学出版社2008年版。

和的内在矛盾和创新性研究成果贫乏等不足之处[1]，但是倘若突破康德那样的过于严格的伦理学的局限，那么动物伦理、生物伦理是完全能够成立的。如果不带任何人类的傲慢与偏见，不用依据所谓的感受性就会直观到动物界显现了关爱、互助、牺牲等伦理行为。拿昆虫传粉来说，昆虫也许是无意的、本能的，出于自我生存的目的，可它提高了植物异花授粉的概率，使得地球上的植物多样化，维护了自然界的生态平衡，从而成就了客观的善。

2. 生态伦理本质上是用来维护生态的伦理形态

撇开人的因素不论，大自然本身是由一个个小的系统所组成的，不同系统内部和不同系统之间存在生态平衡问题，许多系统也具有自我组织、自我调节、自我修复的功能。但是，自然系统也会因为系统内部要素的变化和外在环境因素的影响而遭到破坏并因此失去平衡。尤其是人类的生产生活导致了环境污染、水土流失、森林急剧减少、气候变暖、资源枯竭、土地沙化、物种灭绝、臭氧层空洞等生态危机，不仅使自然系统失衡，也使人与自然关系失衡，从而严重影响到人类的生产生活质量。

正是在上述情势下，20 世纪 30 年代美国环境保护主义者利奥彼尔德创立了“土地伦理学”，1962 年美国女作家卡逊在《寂静的春天》一书中运用生态学原理揭示了人们所面临的生态环境问题，罗马俱乐部于 1972 年发表的《增长的极限》研究报告阐明了工业革命粗放的经济增长方式给地球和人类带来灾难性后果，同年 6 月联合国通过了著名的《人类环境宣言》，1983 年 11 月成立了世界环境与发展委员会，正式提出了可持续发展的模式。伴随着生态危机和环境恶化的日益加深，从 19 世纪下半叶开始西方涌现出序言所讲的生态伦理学和环境伦理学著述，提出了动物解放论、动物权利论、生物平等

① 参见曹文斌《西方动物伦理研究存在不足》，《中国社会科学报》2018 年 12 月 25 日。

论、自然价值论、自然权利论、自然义务论、敬畏生命论、生态和谐论、环境协同论等多种多样的理论学说。

由上可见，生态伦理提出的重要价值在于促使人类处理好自身与周围的动物、环境和整个大自然生态系统之间的关系，提倡人对自然生态系统给予道德关怀，使人尽到保护人与自然平衡、和谐的道德责任，优化人类影响自然生态与生态平衡的各种实践行为，以维持生态平衡与生物多样性、合理保护与使用自然资源。

3. 生态伦理与生态道德相互交融

在中国古代，“道”既指道路、方向、途径，又指道理、法则、规律、伦理、方法和策略。如果说“道”主要指外在的宇宙秩序或人伦秩序的话，那么“德”主要指内在的人格品性。然而，“道”与“德”又是密切相关的。《管子》深刻揭示了“道”与“德”的辩证联结：“德者，道之舍，物得以生生，知得以职道之精。故德者，得也。得也者，谓其所得以然也。以无为之谓道，舍之之谓德。故道之与德无间，故言之者不别也。”① 这意味着道落实于人就形成了德。据此，人们认为“德”指外得于物，并逐渐演化为“外得于人，内得于己”的训解。朱熹注解道：“德者，得也。得道于心而不失之谓也。”②“德”即为“得道”，也就是将“道”经过自身修养和社会化“内得于己”的结晶——“德”者“得”也。段玉裁《说文解字注》释“德”为“内得于己，谓身心所自得也；外得于人，谓德泽使人得之”③。正是因为“道”与“德”如此深度关联，才构成了现在通行的组合词“道德”。

道德是同人类相伴生的，从动物界亲缘利他行为中可以窥见到人

① 《管子·心术上》，载黎翔凤撰、梁运华整理《管子校注》中，中华书局2004年版，第770页。

② （宋）朱熹：《四书章句集注·论语集注》，中华书局2011年版，第91页。

③ （汉）许慎撰，（清）段玉裁注：《说文解字注》下，许惟贤整理，凤凰出版社2015年版，第1099—1100页。

类道德的萌芽。而自从人猿揖别以后，作为调节人己、群己之间关系的道德，就同某些风俗、惯例、规矩等一起共同发挥着社会整合作用。随着人类社会的不断变迁，道德的历史性内容和对象势必发生重大转换，如今道德不仅渗透在社会政治、经济、法律、文艺、科教等领域和层面，也发散在生态、自然、生命等非人类领域。尽管“伦理”和“道德”存有区别——如果说前者侧重于客观的社会关系秩序的话，那么后者则偏重于主体内在的品性，但是“伦理”和“道德”二者毕竟共同体现了善的价值和好的性质，因此当今人们惯用的“道德”范畴已经被赋予了囊括伦理的，包括精神品性、人生境界、情感态度、理想信念、行为规范等极为丰富的内容，从而常常把两者当作同一范畴使用。

正是因为“伦理”与“道德”既密切相关又有一定的区别，所以生态伦理学界有时将“生态伦理”和“生态道德”区别使用，有时则作为同义词。就生态道德的内涵来说，许多人把它界定为人与自然环境进行交往过程中体现出来的优秀品性、行为规范和评价体系，认为它对人事关自然的行为具有认识功能、教育功能、激励功能、调节功能和批判功能。作为道德的特殊类型，笔者认为生态道德是指用以调节人与自然生态之间关系的道德品性、道德境界、道德情感、道德态度、道德理想、道德信念、道德规范等的总和。为简便起见，除特殊情况外，本书一般不烦琐地区分“生态伦理”和“生态道德”两个概念而加以交叉运用。

二　环境与环境伦理

由上述可知，生态伦理与环境伦理密切相关，二者固然存在一定的区别，却是内在一致的，有时可以交替使用。

（一）环境的本质与特征

1. 环境的内涵

如同生态具有广义和狭义之分一样，环境也有广义和狭义之别。狭义的环境是指相对于人类主体而言的一切自然要素和社会要素的总和。《辞海》正是在与人相对应的意义上界定环境的："围绕人类生存和发展的各种外部条件和要素的总体。在时间和空间上是无限的。分为自然环境和社会环境。"① 由于构成环境的因素众多，根据不同的分类标准，它可以分为许多种类，既有外部环境，也有内部环境；既有自然环境（它主要由水、气、声、光、土、火以及动植物、微生物等物质因素所构成），也有人文环境；既有物质环境，也有精神环境；既有生产环境，也有生活环境；既有经济环境和政治环境，也有文化环境（如科技环境、教育环境、传统环境……）和社会环境，等等。从宽泛意义上说，环境应当包括自然环境和人文环境，内部环境和外部环境，经济环境、政治环境和文化环境，物质环境和精神环境，以及生态环境、生产环境、生活环境、经营环境、政策环境、科技环境、教育环境、人生环境等。

环境同景观也是既对立又统一的。"景观"一词由于它包含主体感受成分，更为凸显审美的主体性，而"环境"虽然也是相对于主体而言的审美客体，但它似乎更为强调主体同它的融通性，因为人不可能完全从环境中超脱出来，只能置身于特定环境之中才能感受环境的审美特性。而且，"景观"属于审美价值范畴，它带有强烈的审美属性，而"环境"则属于中性的事实范畴，它既可能是优美的，也可能是丑陋的。

生态与环境既是统一的，又存在一定的差别。就二者的统一来

---

① 《辞海》，上海辞书出版社 2009 年版，第 947 页。

说，目前，对“生态环境”存在多种理解。有的认为它指的是生态与环境，有的断定它是指“生态的环境”，也就是合乎生态要求的良好环境。笔者认为，所谓生态环境是指适宜人类生存、享受和发展的自然环境，它是生态与环境、生态学和环境学融合的产物。生态要体现自然事物特别是生物与环境之间的关联，环境则构成了生态的内在要素，两者“水乳交融”，以至形成了“生态环境”概念，用以指生物及其生存繁衍的各种自然因素、条件的总和，由生态系统和环境系统中的各个元素共同组成。进一步，基于生态与环境的统一性，西方一些生态伦理学家常常采用“生境”[①] 范畴，而国内学者唐代兴也习惯采用“生境”语词。唐代兴解释说：“生境”（habitat）是一个生物学概念，意指生物（包括个体、种群或群落）的栖息地，即生物生存的地域环境[②]，“生境，就是使物种与自然、生命与生命以其共在互存、共生互生方式而汇聚所形成的既有利于自己生存又有利于他者生存的环境。生境，就是使物种与自然、生命与生命相互生生不息的生育、生长、繁衍的环境”[③]。

从狭义上讲，生态与环境如果说有什么区别的话，那么也只是侧重点有所不同：前者注重于系统的内部构成及其平衡，后者重点关注一个系统与外部之间的相互作用、相互影响；前者体现了健康、美好、和谐、均衡等价值特质，后者属于中性的客观事实存在，描述的是系统与外界尤其是人与周围要素之间的关系；生态偏重于生物的系统性、整体性、关联性，而环境更强调以人类生存发展为中心的外部因素。

---

① 生态环境有时被简称为“生境”，德国哲学家汉斯·萨克塞、美国伦理学家保罗·沃伦·泰勒都曾使用过“生境”概念。参见［德］汉斯·萨克塞《生态哲学》，文韬、佩云译，东方出版社 1991 年版；［美］保罗·沃伦·泰勒《尊重自然：一种环境伦理学的理论》，雷毅、李小重、高山译，首都师范大学出版社 2010 年版。

② 参见唐代兴《生境伦理的人性基石》，上海三联书店 2013 年版，第 4 页。

③ 唐代兴：《生境伦理的人性基石》，上海三联书店 2013 年版，第 5 页。

根据以上分析，本书所说的环境，主要是指生态环境。它既指给人带来审美享受又带来舒适、便利的物质环境——自然环境的重要组成部分，也是指自然主体和社会主体健康生产生活的重要外在条件——所有生命生活、生存、进化、发展的外在因素。

2. 自然环境的主要特征

（1）审美性

良好的生态环境必定是一种能让人产生强烈美感的环境。环境美不美、好不好，并不完全取决于环境本身，也并不单纯是社会主体主观审美体验的产物，而是主体与环境交互作用、有机统一的结晶。

一方面，生态环境具有能给人带来审美享受的形式规定性。在中西方思想史上，许多人把美归结于对象的自然属性。早在古希腊，毕达奇拉斯学派就提出了“美是和谐与比例”观点，认为美完全可以用数学方式计算出来。亚里士多德认为美“要靠体积与安排”，凡是大小得体，比例适当，能体现出秩序、匀称、明确等形式的就是美的。18 世纪英国哲学家博克指出，美是体积小、外表光滑、颜色鲜明等。在中国，主张美是客观的著名美学家蔡仪认为美在于客观对象的典型特征，另外一些美学家如周来祥提出美是和谐。无疑，自然和物质的某种特性并不完全就是美的，也就是说，美的标准不能完全归结为某种自然属性。在比例对称中的美和这比例对称并不是一回事，而见出比例对称的面孔之所以美，原因不在比例对称而在别的方面。有的人一边脸上有一颗美人痣可能是美的，但如果按照对称原则在另一边脸上又长出一颗美人痣来，那就不仅不美，反而变丑了。为许多人所推崇的体现美学原则的“黄金分割律”并不绝对是美，如果将之到处乱用，就会显得僵硬死板。不过，客观环境对象所显现出来的优美特性如秩序、匀称、和谐、恰当、明快等，在绝大多数场合是构成美的重要条件。就生态环境而言，干净明亮、整齐有序、协调合度等总是被认为构成其美的重要因素；反之，杂乱不堪、肮脏晦暗、嘈杂不宁等的环境，总是被视为令人难以忍受的丑陋东西。任何自然环境的美总是同其质地、色彩、结构、线条等形式特征分不开，离开了具体的形式，环境美也就不复存在了。

另一方面，生态环境充分体现了社会主体的人性结构与主体力量。美好的物质环境既具有自然性又具有社会性，既具有客体性又具有主体性。一个环境美不美，不仅取决于外在形式特征，也决定于主体的文化心理结构，生态的、和谐的环境同主体的生存、发展和享受密不可分。首先，优美的环境能给人的身心带来愉悦。一个环境及其要素之所以能够产生美，主要不在于它们能带来物质功利，不在于它们能给人以生理上的快适和满足，而在于它们能够在精神上愉悦人、感染人。垃圾、污水、杂草等之所以被认为是不美的，是因为它们会使人的心理产生厌恶情绪和不适感觉。可见，美好的环境能够带来使人产生愉悦感的效用。其次，优美的环境是人的精神力量的充分体现。现代许多物化的环境大多由人工建造，由人按照物种尺度和人自身的尺度有意识加工改造的产物，在各种环境要素之上，不但体现了主体的思想、感情、价值观、观念、愿望，而且体现了其意志和智慧，因而是人的本质力量客观化、对象化的结晶。这些凝聚了主体精神力量的生产生活环境不仅给人带来便利和实效，还能引起人的喜悦，产生较为强烈的美感。最后，美好的生态环境符合主体的审美文化追求。审美需要是人的高级情感需要，它是任何人都具有的，一个人甚至当他是彻底彻尾的市侩的时候仍然是爱美的，对美的渴望是一种健康的“倾向”，构成这种渴望的基础是属于生物学的完美形式的追求。特别是随着社会的发展及物质条件的改善，人们对审美的追求越来越多样化、高档化。不同国度、不同民族、不同地区的社会主体会根据长期积淀而成的审美观念去规划和改造周围的环境，以为自己提供一个舒适、和谐、悦目的实物环境和空间环境；人类生产生活环境中的线条、造型、色彩、质料、尺度、韵律及其组合，必须同主体的审美趣味、审美理想等相契合，才能产生审美效应，才能被确认为是优美的。

（2）形象性

黑格尔在《美学》一书中曾指出，美只能在形象中显出。所谓美的形象，也就是指在具体的对象中显示特定内容的内部结构和外部形态。生态良好的环境作为一种特殊的审美样态具有鲜明的形象性。环境美是自然美、社会美和文化美的有机统一。在环境大系统中，不论是天然形成的客观事物，还是人工建造而成的各种自然景观如山泉、树丛、瀑布、花草等，都是可以为人的各种感官直接感知的，都具有强烈的形象特点；至于附着在各种自然物质上的优美色彩、声音、线条、质料、形状等，其形式美的特质同样显而易见，它们较为集中地展现和凝聚了诸如比例、对称、和谐、均衡等外在形式美的规律。

（3）宜人性

生态环境不仅要呈现出审美性和形象性特征，而且要具有宜人性。虽然美不等于功利，而具有一定的非功利性，美感也不等于快感，但是生态环境又必须具有一种宜人的性质。

一方面，生态环境应当具有社会功利性。在人类社会生活中，真、善、美、利是人们所追求的四种基本价值。毫无疑问，真、善、利本身并不等于美，它们分别与人意识结构中的知、情、意相对应，决不能将它们混为一谈。例如，在某些地方那些不加任何掩饰的垃圾、裸石、荒草，虽然真实但都是不美的。同样，在脏乱的环境中工作诚然表现出了不怕吃苦的伦理品性，但就环境本身而言很难说是美的。然而，真与善又是美的基础，离开了真与善，美也难以成立。人们赞赏人化产品“形态逼真”“以假乱真”，正说明真对于美的重要性。假如大搞形式主义的所谓形象工程，从根本上说不仅不美，反而会被认为是丑陋的。同样地，就利与美而言，有用的不一定就是美。在人类社会早期，美同利、美感同快感往往浑然一体、不可分离，那时美往往从属于功利、从属于财富，人们“以有用为美”“以富为美”。随着社会的发展、人类思维能力和审美水平的提高，美同利逐渐相对分离，人类逐渐把美感同一般快感区别开来。按照美学中的“距离说”，审美主体只有舍弃一切与审美对象之间的利害关系考虑，成为超然物外、无挂无碍的主体，才可进入审美境界，从而享受到审美带来的快感。不过，话又说回来，美又具有一定的功利性。那些损害人的身心健康、违背人的利益、不能给人带来愉悦感的环境，显然不能称为美的。一个环境只有当它设计或建造得精巧、便利、实用，有助于人的健康发展，有利于提高人生产的积极性、主动性和创造性，能够提高生产效益和社会效益，才能被认为是优美的环境。反之，如果损害人的身心健康，给人的生活造成诸多不便，带来人的紧张、不安、压抑，不仅不会被认作美好的，还会被评价为丑陋的。

另一方面，生态环境必须具有宜人性。环境不论是纯粹自然的还是人工改造的，它作为对象化客体，必须同主体保持协调一致，必须符合人本原则，必须给人带来良好的价值效应，必须具有生理的宜人性、心理的宜人性、文化的宜人性和活动的宜人性。20 世纪初，瑞士美学家布洛在他的《心理距离》一书中提出“距离说”，它认为“距离”提供了一个最需要判断的标准，以区别美和一般的适宜。殊不知，美同适宜是可以相容的，就如同美并不排斥功利一样，美好的环境更是同宜人性分不开。一个环境是否生态良好，重要的是要看它是否有益于人的身心健康，是否能给人带来爽心悦目、心旷神怡的感觉。一般来说，清洁的空气、水源，绿色的树木、花草，安静的氛围，是适宜人工作、生活的重要背景条件，也是符合人的生理和心理活动规律的外在因素。所谓环境的宜人性，最主要的一点就是能够满足人的各种需要。众所周知，人有吃喝、安全、秩序、交往、爱、审美、自我实现等不同层次的需要，生态环境正是通过满足人这些层次不同的需求而使人同环境保持和谐一致。

（二）环境伦理

虽然如何认识和处理人与社会环境、制度环境、文化环境之间的关系也存在某种伦理问题，因而像社会环境伦理、制度环境伦理、文化环境伦理理论上也是可以成立的，但是，环境伦理一般指向的是狭义的自然环境伦理。如同生态和环境的关系一样，生态伦理与环境伦理、生态道德与环境道德既有联系又有区别，其相同之处大约体现在如下方面。

1. 它们都从伦理道德角度去关注自然环境问题

生态伦理与环境伦理、生态道德与环境道德本质上是一致的，以至有的人把它们等同起来。不论是生态伦理道德还是环境伦理道德，或是两者的组合概念生态环境伦理道德，其内涵主要有两方面。

一方面是指如同保护好人一样，要对生态环境进行保护。由于自然生态的脆弱性、资源的有限性、竞争的残酷性，以及人对自然的二重性——既依赖自然而生存又需要改变自然以生活，既具有改造自然的力量，又受到自然的制约，使得人与自然难免产生矛盾、冲突。特别是当人类脱离了狩猎和采集时代进入农业时代之后，尽管农业生产规模小、强度低，其对自然生态环境的负面影响相对较小，总体上保持在可控的范围内，但是人类的垦荒毁林、兴修水利等农业活动也在一定的程度和区域尺度上破坏了自然界的生态、环境，以至于使玛雅、美索不达米亚、古希腊、古罗马等古代文明出现了衰落。至于说到工业文明，更是随着科技的运用、生产力水平的提高，它在极大地增强了人类改造自然的能量的同时，也酿成了气候变暖、臭氧层减薄、荒漠化等环境恶化、资源枯竭的苦果，使得人类的生存和可持续性发展面临着极大的威胁。正是在这样的历史背景下，生态伦理与环境伦理应运而生，提出了敬畏生命、节制生育、节约资源、生态修复、环境整治、清洁生产、适度发展、绿色消费等各种各样护育自然、爱护环境的道德规范，以便更好地保护人类的生态环境。

另一方面是指要按照生态学原则加强环境的改造、建设，使之更加适合人类的生存、享受和发展。生态道德也好，环境道德也好，根本目的是使自然环境能够更好地切合人类对美好生活的新期待。然而，自然界并不是时时处处令人满意，并不是都能满足人类的需要，这就需要人类发挥主观能动性对自然施以改造。可是，历史一再证明，人类改造自然的行动由于欲望的无止境性、对自然规律认识的有限性和科学技术的局限性，导致它常常带来善与恶的双重后果，导致大自然对人类的无情报复、惩罚。为了使人类的生产、生活适度、适当、适宜，不致过分侵蚀自然、伤害环境、破坏生态，确保人与自然和谐相处、协调进化，确保人与自然万物都有继续存在下去的权利，就需要依据生态学的原理、原则制定科学的环境道德，以规定人对人类生命、社会生命和自然生命所应承担的道德责任，提倡培养每个人尊重自然、爱护生命、保育环境的道德情操。

2. 共同反对极端化的生态中心和人类中心

正确理解的生态伦理与环境伦理承认人应当对自然资源进行合理利用，强调人对自然生态、自然环境进行保护，既要反对极端人类中心主义，力主不能为了人类自身利益而肆意破坏周围环境，也要反对过于极端的物种中心论、动植物中心论、生物中心论和生态中心论。

毋庸置疑，大自然的各种生命拥有内在价值，自然中心主义者凸显的“自然权利”“生物平等”和“自然价值”之类的说法具有相当的合理性，不失为环境保护和人类生存有效的思想理念，为此人类应当毫不犹豫地把道德关怀的范围推向自然系统和生态环境领域。然而这里要问，环境伦理与环境伦理学是不是非得要摒弃人类中心主义而走向非人类中心主义呢？笔者深深感到凡事不能走极端，实则弱势人类中心主义与生态伦理、环境伦理完全可以兼容，因而不能倡导所谓的“生态第一”“地球优先”。以人类为中心的环境伦理，完全能够促进环境保护。即使从人类自身长远生存、发展利益出发去谋划环境优化问题，也能够推动人类有节制地改造自然、利用自然和保护自然、尊重自然，进而实现人与环境之间的和谐发展。也许有的人会辩解说20世纪初以来世界动物保护运动、环境保护运动是由诸如“尊重生命的伦理学”“土地伦理学”“敬畏生命伦理学”“尊重自然伦理学”等非人类中心主义生态环境伦理思想所推动的，人类中心主义生态环境伦理只会削弱以至阻碍这些运动的展开。殊不知，大量事实表明，人类中心主义生态环境伦理思想也是生态环境运动的重要推动力——也许素食主义运动例外，出于对自然价值、权利和义务和人类自身长远利益、整体利益的考虑，人们也会加入到绿党政治、生态环境保护等活动中来。

3. 拥有共同的历史背景和理论理路

人既是生态环境的受益者也是其最大的破坏者，正是由于近代以来在人类征服自然的力量迅猛增长的同时，加剧了自然生态失衡，带来了一系列环境灾害，生态伦理与环境伦理问题才引起了人们的共同高度关注。尤其是进入20世纪70年代以后，在对以往“强势人类中心论”进行反思和批判的基础上，现代西方学者创立了环境伦理学和生态伦理学。

随着20世纪90年代中国环境意识的“极度欠缺”与日益觉醒，生态文明建设逐渐上升为基本国策。在与生态环境保护实践互动的交流过程中，中国不仅产生了一大批生态伦理学著作，也出版了余谋昌的《环境伦理学》、徐嵩龄的《环境伦理学进展：评论与阐释》、王子彦主编的《环境伦理的理论与实践》、曾建平的《环境公正：中国视角》、林娅的《环境哲学》等许多环境伦理学领域的开创性精品力作。应当说，这一切固然出自中国传统生态智慧的奠基和个人的自觉理论建构，但也离不开严峻的环境压力，离不开民众对优美生态环境带来的幸福感的美好追求，也离不开国外生态运动和生态伦理学、环境伦理学的输入性影响。正如王治河、樊美筠所言，从“环境伦理之父”霍尔姆斯·罗尔斯顿的《哲学走向荒野》和《环境伦理学》2000年在中国翻译出版算起，这位走向荒野的哲学家的思想几乎影响了一代中国环保人士；他对荒野的赞美、对自然之美的深刻体悟感动过成千上万的中国读者，激励他们自觉投身于环保事业；我们可以对他的生态中心主义立场持保留态度，但他对伴随现代性的得势而横行西方数百年的人类中心主义的挑战无疑是股清流；他对自然敬仰和热爱的伟大情怀有助于稀释和冲淡当代人对个人自我利益的过分关注，有助于把人们从对物质利益的永无休止的算计和纠纷中解放出来；他对中国生态问题表达的更多的是深深的忧虑，担心中国人为了经济繁荣而生活在一个充满刺鼻的空气、有毒的土壤和河流、缺少生物多样性、杂草丛生、垃圾遍地的环境之中，真心希望“美丽中国”“生态中国”能够拯救中国。[①]

三　生态伦理与生态文明

文明是人类发展的成果，是人类改造世界的物质成果和精神成果的总和，是人类社会进步的象征。人类文明既表现为由各种人造物构成的器物文明，也表现为各种社会制度文明，还表现为人类道德、情感、习俗、信仰、语言、思想、科学、艺术等精神文明。从哲学本体论来讲，人类创造的文明主要分为物质文明和精神文明两大形态，而从社会层面来讲，文明可以分为经济文明（主要体现为物质文明）、政治文明、精神文明、社会文明和生态文明五大类型。如果仔细分

① 参见王治河、樊美筠《“环境伦理之父”的中国情愫——罗尔斯顿印象记》，《中华读书报》2018年5月16日。

析，那么生态文明就是一种容纳了物质文明、政治文明、精神文明、社会文明和制度文明的综合性文明形态。它又可以分为广义和狭义两方面。广义生态文明是以人、自然和社会三者和谐发展为依据，以人与自然、人与人、人与社会和谐共生、可持续发展为宗旨，以建立可持续的生产方式和消费方式为内容的社会文明形态。狭义的生态文明是指人与自然的和谐共生、动态平衡，着重强调人与自然环境的相互依存、相互促进、共处共融。

人类文明史是以人与自然的关系为主轴展开的，人与自然之间关系的发展史就是人类的文明史。迄今为止，人类文明大致经历了三个阶段：原始采集—渔猎文明、农业文明和工业文明。迄今为止，人类文明形态的更新替代，都以一种新的生产力和生产方式为基础，以一种新的人与自然的关系为核心。工业文明以人类征服自然为主要特征，它将自然界看作为人们服务的，取之不尽、用之不竭的仓库，由此形成了主宰自然、改造自然、征服自然的哲学。工业文明凭借科学技术的发展获得了空前干预自然的能力，在使人的主体得到张扬的同时，也给人类带来了从未有过的生态危机和社会灾难，造成了人与自然关系的尖锐对立。

一直以来，学术界绝大多数人把生态文明当作一种继原始采集—渔猎文明、农业文明和工业文明之后的新兴文明样态，称为第四种文明。杨通进明确指出："环境危机是工业文明的结构性特征。工业文明的基本结构和运行机制决定了，生态危机是工业文明的必然产物。在工业文明的基本框架内，环境危机不可能从根本上得到解决。"①他还讲："在工业文明的框架内对经济运行方式、政治体制、技术发展和价值观念所作的任何修补和完善，都只能暂时缓解人类的生存压力，而不可能从根本上解决困扰工业文明的生态危机。只有实现从工业文明

① 杨通进、高予远编：《现代文明的生态转向》，重庆出版集团重庆出版社2007年版，第2页。

向生态文明的转型，人类才能从总体上彻底解决威胁人类文明的生态危机。文明范式的转型，是人类走出生态危机的必由之路。生态文明是一种正在生成和发展的文明范式。它是继工业文明之后，人类文明发展的又一个高级阶段。”[①] 王凤才认为生态文明是人类文明新形态，即人类文明 4.0，而非“生态化的工业文明”或“工业文明的生态化”。[②] 与杨通进、王凤才观点不同，汪信砚认为生态文明是一种工业文明生态化后的文明形态，本质上属于工业文明类型。[③]

笔者认为生态文明不同于按照生产技术方式划分的原始采集—渔猎文明、农业文明和工业文明，而是根据人与自然关系来划分的文明形式，它是一种旨在保持自然生态平衡和天人关系平衡协调的文明。与它相对立的是物态文明[④]，物态文明并非尊重自然事物、爱惜自然事物的文明，恰恰相反，它是一种旨在征服事物、占有事物、掠夺物质而为人类所用的文明。虽然原始采集—渔猎文明、农业文明和工业文明也包含着某些生态文明的成分，但总体上属于物态文明，工业文明之后应当是后工业文明，至于后工业文明究竟是什么样态的文明目前尚难定论，也许是有些人所说的信息文明或智能文明，但可以确定的是它必定是也应当是生态文明。作为一种生态文明，后工业文明并不是对农业文明和工业文明的彻底抛弃，也不是如同汪信砚所说的“生态文明是在工业文明的基础上并且是在完善和优化工业文明的过程中产生的一种依附性文明”，而是扬弃了农业文明和工业文明的物

① 杨通进、高予远编：《现代文明的生态转向》，重庆出版集团重庆出版社 2007 年版，第 4 页。

② 参见王凤才《生态文明：人类文明 4.0，而非“工业文明的生态化”——兼评汪信砚〈生态文明建设的价值论审思〉》，《东岳论丛》2020 年第 8 期。

③ 参见汪信砚《生态文明建设的价值论审思》，《武汉大学学报》（哲学社会科学版）2020 年第 3 期；汪信砚《新冠疫情背景下生态文明建设若干问题再思考——对王凤才、张云飞、王雨辰教授等人文章的回应》，《东岳论丛》2020 年第 8 期。

④ 必须指出物态文明不同于物态文化，后者是指人类改造客观物质的实践活动及其所创造的一切物质生产品，它是可以具体感知的、具有物质形态的事物，物态文化既可以体现物态文明，也可以展现生态文明。

态文明，但内在地包括生态化之后的农业文明和工业文明。这就是说生态文明不仅是像汪信砚所说的那样是工业文明的生态化的结晶，而是包括农业文明、后工业文明（包括所谓的信息文明，要知道信息文明也会造成一定的环境污染）的人类生活整体文明的生态化的结果。当然从总体上说，农业文明和工业文明属于物态文明，而后工业文明属于生态文明。总之，笔者非常赞同卢风这样的观点："生态文明是继承了以往文明（包括原始文明、农牧文明和工业文明）所创造的一切积极成果的更高级的文明"①，以及张云飞所讲的"生态文明是贯穿于人类文明始终的基本要求，人类时时处处都需要生态文明"②，但是，笔者反对张云飞所说的"生态文明不是依附于工业文明的文明，而是一切文明存在的基础和条件"③，而认为它只是以往任何文明形态中的次要形态，未来的文明理想必将是扬弃了农业文明和工业文明的生态文明主体形态。

那么，生态文明与生态伦理是何种关系呢？简言之，生态文明与生态伦理是相互作用、相互依存、相互促进的。

（一）生态伦理是生态文明发展的道德基石

1. 生态伦理缺失是生态危机产生的根源之一

滋生当代生态危机和人类文明困境的原因当然不止一种，而是多种多样的，最根本的是现代工业文明，具体地说包括物质生产力的急剧扩张，市场经济造成的消费主义、利己主义和享乐主义，科学技术的不当使用，资本主义意识形态带来的大量生产、大量消费、大量排放的生产生活方式，等等，而其中的一个重要根由即是卢风所指出的由物理主义自然观、独断理性主义知识论、自由主义政治哲学、反自

---

① 卢风：《论生态伦理、生态哲学与生态文明》，《桂海论丛》2016 年第 3 期。

② 张云飞：《面向后疫情时代的生态文明抉择》，《东岳论丛》2020 年第 8 期。

③ 张云飞：《面向后疫情时代的生态文明抉择》，《东岳论丛》2020 年第 8 期。

然主义价值论、人类中心主义道德观和物质主义价值观所构成的现代主流意识形态。[①] 从原始采集—渔猎文明、农业文明到工业文明并不缺乏道德的支撑，甚至产生了许多古老的热爱自然、怜悯动物等朴素生态伦理智慧，但是这类伦理道德主要是建立在人类利益基础上，它们并不承认自然界及其动植物具有内在固有价值和道德权利，属于一种强势人类中心主义的人际伦理，而非弱势的现代人类中心主义生态伦理。正因如此，尽管原始采集—渔猎文明、农业文明到工业文明包含着某些生态文明要素，却在总体上属于物态文明，而不是能够抑制乃至克服生态危机的生态文明体系。

2. 生态伦理是推动和维护生态文明的道德支撑

既然从否定性角度证明了生态伦理缺失是导致生态危机从而阻碍人类生态文明发展的原因之一，那么这就意味着从肯定性角度表明生态伦理能够推动生态文明建设。从历史的实然层面来体察，正是在道德与社会互动的过程中，生态伦理和环境伦理极大地促进了世界动植物保护运动、生态环境保护运动，进而激发了生态文明理论与实践的双重发展；也正是出于对生态文明的现实诉求，才推动了学术界关于生态经济学、生态哲学、生态文学、生态伦理学、环境伦理学等学科的出现和发展，为生态文明实践提供了重要的理论基础。从未来的应然层面来认识，生态伦理为生态文明发展提供了强大的精神动力和行为规范。虽然建设生态文明，形成节约能源资源和保护生态环境的产业结构、增长方式、消费模式更多地受到资源约束、环保压力的制约，但是正如徐迅雷所指出的，人与自然的困境就是生态伦理的困境，建设生态文明需要优化生态伦理；生态的稳定和谐是自然环境的福祉，更是人类自己的福祉；人与生态环境的关系，需要依靠法律调整，但法律之上还应有尊重生态的人文与伦理；有了良好的生态伦

① 参见卢风《论生态伦理、生态哲学与生态文明》，《桂海论丛》2016 年第 3 期。

理，才能将生态文明的理想化为现实，实现人与生态环境的持久和谐。[①] 只有确立了追求人与自然、与环境和谐相处的伦理精神、敬畏道德、道德良知、道德同情心和仁爱情怀，运用区别于传统人际伦理的生态伦理和环境伦理加以指导，才能驱使人更好地去减少污染、杜绝浪费、节约资源、爱护动物、保护环境……从而保障生态文明不断取得新的成就、新的进展。

（二）生态文明深化生态伦理

1. 从主体角度强化生态伦理

生态文明尽管不否定自然为本，但根本上是一种以人为本的新兴文明，生态文明建设致力于推动人按照生态伦理的要求处理人与自然、人与环境之间的对立统一关系，致力于塑造生态文明人。在锻造生态人的过程中，它必定会促使人站好自己的“生态位”，强化社会主体尊重自然、爱护自然、勤俭节约、保护动物等生态品格。生态文明虽然肯定人是价值的中心，认可人是文明的承担者、建造者，但强调人不是自然的主宰者，不是世界万物的征服者，而是自然的伙伴、朋友，是动植物的共生者，是地球共同体的普通一员，断定大自然是人类生存发展之母。这一主体定位势必推动人与自然共生共存的生态伦理关系的自然生成与自觉建构，推动人类立足于人与自然依赖与被依赖的关系将生态道德价值取向、美好的自然生活期待与大自然的运行规律三者有机结合起来，从而提升公民的生态道德素养。生态文明不仅通过正确认识和处理人与自然的关系实现与自然和谐共处来促进当代社会人与人之间的平等、正义，据此生发出自然生态伦理和人际生态伦理，而且它注重借助于人与自然的和解、和合实现社会的可持续性发展以至永续发展，追求当代人与后代人的代际平等、正义，从

---

① 参见徐迅雷《生态文明与生态伦理》，《中国环境报》2007 年 10 月 31 日。

而从理想信念维度提高现代人生态化的代际伦理素养。

2. 从社会角度强化生态伦理

生态文明建设是一项复杂的、系统的社会工程，它既把自然界看成一个完整的生态体系，也把人、社会与地球系统以至整个自然世界看成一个物质、信息和能量相互交流、利益息息相关的整体。为了维护人与自然构成的生命共同体的整体利益和长远利益，生态文明必然要求人以道德理性尊重人和一切物种的独特价值、特有权利，阻止人类破坏和污染生态环境、过多消耗有限的自然资源和挤压非人类物种的生存空间，防止自然的报复给人类带来生存危机。生态文明的如此战略定位，必定会大大强化人自然平和、用之有节、仁爱生物、敬畏自然等生态伦理品性。生态文明是在审慎考虑自然、资源和环境的承载力及其限度的前提下，致力于构造资源节约型和环境友好型社会，追求社会经济的绿色发展、健康发展、长远发展。生态文明这一社会理想，必定要求人们以敬畏自然、尊重自然、维护生物多样性、热爱动植物、节约资源等道德责任感去调节人与自然之间的关系。这显然会有助于建立完善天人之间的伦理关系，有助于培养人的生态责任感，有助于形成人与自然共生共存的命运共同体意识和道德共同体观念。

3. 从制度角度强化生态伦理

生态文明建设事关一个国家、民族、地区的现代化方向和质量水平，它要取得让群众满意的实效，就必须用制度给予保障。这意味着既要加强生态文明本身制度建设，也需要其他社会制度加以配合。从生态文明自身制度建设来说，为了推动生态环境保护、自然资源节约，调节、规范和约束人的生态行为，首先，就要出台生态补偿、湿地保护、生物多样性保护、土壤环境保护、土地管理、大气污染防治、水污染防治、节约能源、野生动物保护等方面的法律法规，借助于法律的刚性约束培养人的保护自然、敬畏自然、爱护环境等生态伦理德性；其次，它要制定一批资源消耗、污染物排放、环境质量等方面的标准和生态环境监管制度、自然资源资产管理制度，这些无疑有助于明确自然资源所有者、监管者的法律责任、道德责任和保护边界；再次，它要建立健全体现生态文明要求的关于资源消耗、环境损害、生态效益、生态功能区建设等方面的考核制度和奖励机制，以及生态文明建设的责任追究制度（如问责制），这不仅有利于强化人生态文明建设的政治责任意识、法律责任意识，也能够强化人的生态道德责任观念，同时还会引导形成“生态人”的人格类型。

第二章

生态伦理的理论基础

虽然中西方传统社会孕育于无较大生态危机的宗法农业经济时代，并没有提出过“生态伦理”“自然伦理”之类的概念，但也为生态伦理和生态伦理学的建构提供了某种理论依据。中国传统文化及其哲学诚然没有成熟的生态伦理思想，但是它蕴含的天人合一特质与西方主—客二分的思维方式有着明显的差别，它较早地孕育出了一些深刻的生态伦理思想。通过借鉴吸收传统中西方生态伦理智慧，加上当代学者基于现实生态危机与生态建设的自觉理论建构，生态伦理的理论基础更加牢靠、更加异彩纷呈。

一　天人相分论

犹如冯友兰所指出的，中国哲学讲的“天”具有物质之天、主宰之天、命运之天、自然之天和义理之天五种含义。虽然古人常常赋予“天”以灵性、神圣性、神秘性，但更多的是凸显它的自然性，因而“天”就相当于“自然”，所谓天人关系也就是人与自然之间的关系，所谓天人相分也就是人与自然相分。

中国古代思想家在致力于天人之辩的过程中彰显出较为浓厚的人文主义倾向，他们在注重天人合一的生态观念的同时，也强调天人相分，不仅强调了人最为天下贵这一凸显人的主体性命题，还发展出制天命而用之、与天地参、明于天人之分等思想，从而充分阐发了自然与人的差异性和对置性。如同张载所言："以万物本一，故一能合异；以其能合异，故谓之感；若非有异则无合。"① 天人原本就是相分的，人与自然本来就是有区别的——各有自身的特点、功能、规律，科学的生态伦理学不是要掩盖以致抹杀人与自然的客观差异性，否定二者之间的辩证对立性，更不是主张回到天人不分的原始状态，而是想方设法正确对待和合理把握，提示人类不要以天灭人和以人灭天，不要忘记天人之间的合一性，天人既对立又统一的辩证观为实现天人和谐、追求生态平衡的责任伦理提供了值得借鉴的理论依据和精神资源。

人与自然的相分主要表现在以下方面。

（一）自然具有自身独特的运行轨迹

从时间来说，宇宙诞生以亿万年计，而迄今为止的考古发现证明人类也只有几十万年的历史，人类在整个大自然的历史链条上仅有很短的时间段。从空间来说，宇宙是由黑洞、星系、非生物、生命等无数要素、系统所组成的浩瀚无边的超大系统，人类只是天地万物的一个小小的种类，和宇宙比起来人类极为渺小。从生成论来说，经历漫长的演化，地球才孕育出生命，进而孕育出人类。从运行轨迹来说，自然生生不已，具有自身的周期性规律、演变规律、建构规律。

先秦思想的集大成者荀子明于天人之分，在《天论》等篇中从多个角度做了系统阐发。其一，天是自然之天，它不是人格化、神秘化的主宰，而是自然演变、神秘无形的物质实体："列星随旋，日月递照，四时代御，阴阳大化，风雨博施，万物各得其和以生，各得其养以成，不见其事而见其功，夫是之谓神。皆知其所以成，莫知其无

① 《张载集·正蒙》，章锡琛点校，中华书局 1978 年版，第 63 页。

形，夫是之谓天。”（《荀子·天论》）其二，天具有不以人的意志为转移的、独立不依的运行规律：“天行有常，不为尧存，不为桀亡。”（《荀子·天论》）“天不为人之恶寒也辍冬，地不为人之恶辽远也辍广，君子不为小人之匈匈也辍行。天有常道矣，地有常数矣，君子有常体矣。”（《荀子·天论》）其三，人和天各有不同的职分，这就是“天有其时，地有其财，人有其治，夫是之谓能参”（《荀子·天论》）。其四，自然界不能主宰人事，社会的治乱、兴亡主要取决于人为因素：“应之以治则吉，应之以乱则凶。”（《荀子·天论》）其五，人应当制天命而用之，像君子一样理天地、参天地、积善不息，以理物、成物为务，树立“序四时，裁万物，兼利天下”（《荀子·王制》）的积极生态责任道德观。

（二）人最为天下贵

中国古代思想家认为人在某种意义上虽然不如动物，但也具有一定优越性的禀赋、才质，特别是道德潜能。孟子反复强调“人之所以异于禽兽者几希”的类特性，认为人的特异之处就在于人先天具有四心（恻隐之心、羞恶之心、辞让之心和是非之心）和四德（仁、义、礼、智），而四心则是四德的道德情感基础。荀子认为人最为天下贵，为此他揭示了人区别于动物的地方就在于人有分、有辨（《荀子·非相》），就在于人有气、有生、有知、有义（《荀子·王制》），从而挺立了人作为生命主体、知识主体和道德主体的人类特质和独特地位。《礼记》说：“人者，其天地之德，阴阳之交，鬼神之会，五行之秀气也。”① 这就是说，人集中了天地、阴阳、五行的精华，因而它具有不同于自然的超越之处。汉代董仲舒的天人相分观念体现在“天地

① 《礼记·礼运》，《礼记正义》中，（汉）郑玄注，（唐）孔颖达疏，龚抗云整理，王文锦审订，李学勤主编《十三经注疏》，北京大学出版社1999年版，第690页。

之精所以生物者，莫贵于人”① 的重人命题上。

某种意义上，宇宙万物平等、天人一体，人有时还被视为世界上最软弱的动物，缺乏一般动物所具有的天生求生本能；而且，人始终是一种物质化的肉体存在者，具有所有动物都具有的机械性、物理性、化学性和生物性，具有自然化的七情六欲，而反过来有些动物也具有一定的认知能力、智慧水平、情感态度以至道德感情。这些正是主张动物保护主义伦理学、生态伦理学的重要本体论根据。但是，如果像某些物种中心论者那样，把人贬低为一般动物，甚至认为“人连禽兽都不如”，任意诋毁、糟蹋人类，就落入了非人类乃至反人类的泥坑。应当明白，一定程度上，人还是最为天下贵，人有许多高于动物的地方。正如马克思主义哲学原理指出的，人类是自然的杰作，是自然物质长期进化的最高产物，是世界上最美丽的花朵。生物学、动物学、心理学、人类学等学科表明，人类（包括新生儿）生来就具备独有的复杂的大脑神经系统和生理—心理潜能，它们是人成为人的先天基础。用荀子的话说，就是“水火有气而无生，草木有生而无知，禽兽有知而无义，人有气、有生、有知，亦且有义，故最为天下贵也”（《荀子·王制》）。正是由于人类具有高于天地万物的认知能力、思想情感、道德水平和实践能力，才使得它自己造成了生态危机又必须履行遵循生态伦理、保护生态平衡的责任。

（三）人类能够改变自然、超越自然

大自然赋予人类优于万物的超常能力，使之不像动物那样虽然也能造成环境一定的改变却主要是适应自然，而是能够在更高水平上改变自然、利用自然、创造自然，进而发展出旨在为人所用的人化自然

---

① （汉）董仲舒：《春秋繁露·人副天数》，张世亮、钟肇鹏、周桂钿译注，中华书局 2012 年版，第 473—474 页。

或第二自然。笔者曾经指出："纯粹自然存在在一定程度上能够满足人的物质需求，由此产生了人类早期的狩猎文明。然而，原始的纯粹的自然环境和天然存在物总是有限的、粗糙的，它不可能满足人的所有物质需求，特别是随着人类社会的发展和人口规模的扩大，自然物同人类物质需要之间的矛盾越来越尖锐，于是人类就对原始的第一自然加以实践化的改造，从而形成了人性化的第二自然。"[①] 不仅如此，可以说，现今大千世界除了部分原始森林、汪洋大海、高山峡谷等之外，绝大多数都是人类对自然物质进行改造的晶化物，它们是人类精神的自我确证、自我显现，凝聚着人的价值观念、道德祈求，体现了人的审美趣味、社会理想，展现了人类的知识力量和智慧水平。往深层次看，人类对自然界的改造确实是造成当今生态灾难、环境污染的重要病根，面对大自然的力量人显得比较渺小。但是，我们固然不能以人灭天，也决不能以天灭人，更不能绝对否定"人定胜天""征服自然""改造自然"的合理性。正确的生态伦理观念并非鼓励人面对自然的挑战无所作为、消极适应，而是屏除"人定胜天""征服自然""改造自然"观念和行为非合理性的一面，发挥其中彰显人类主动性、自觉性和创造性的一面。

（四）人与自然的相互作用是有限度的

总体来说，人与自然是相互感应、相互作用的，不过，应当认识到这种作用是相对有限的，这也是人与自然相分的重要体现。虽然说宇宙是浩瀚无际的无限存在，包含着丰富的宝藏，但是，天地万物又是有限的存在，许多资源相对短缺，有的不可再生；自然的有限性表现为人类生活的地球存在地区性的资源结构缺失：有的干旱少雨，有

① 涂可国、赵迎芳：《文化现实与文化建构——中国社会文化研究》，山东人民出版社2017年版，第60页。

的森林缺乏，有的矿产稀少，有的动植物匮乏；尤其是随着人口的增长、人的需求增加，自然资源与人之间的矛盾愈加突出；即便是自然万物也是被动的，它不会自动送上门满足人的需求，需要人去开发、利用、发现和改造。自然的有限性正是当代生态伦理学赖以提出和发展的主要依据。

尽管人具有超越自然、改造自然的潜能，人可以在一定程度上和范围内改造自然、创造自然以至完善自然，从而把人从纯粹自然状态中提升出来，建构起适合于人类生存、享受和发展的人化世界；尽管人的思维具有至上性，某种意义上人的潜能无限，而且，人已经处于物质世界进化链条上的顶端，但是，人对自然的作用并不是无穷的，而是相对有限的。首先，人的认知能力是有限的。即使是现代化的人借助于现代化科技手段能够探索宇宙、自然的奥秘，变化多端的大千世界仍然存在许多人类所不能认识的领域、特性、规律，这导致人类对自然世界的改造有时违背了自然生态规律，从而是无效的甚至是有害的。中国先秦时期的鲧筑堤堵水九年未治平被舜杀死在羽山就是著名的例子。其次，人的实践能力是有限的。由于受到时间、精力的限制，实践经验的不足，掌握的技能不够，人的身心结构的局限，加之加工工具的制约，使得人类在与自然相互作用过程中，不仅创造的产品总是相对有限的或是不完美的——如化肥、农药的大量使用使农作物给人的身体造成危害，不可能满足所有人的所有需要，并且，人对自然的加工改造，并不都是正面的，相反会带来消极乃至灾难性的后果——环境污染、水土流失、气候变暖、物种减少等。最后，人的道德品性是有限的。人固然具有自我牺牲、互帮互助等伦理品格，但同样具有强烈的贪欲、占有欲、物欲等人性中恶劣的一面，这些驱使人疯狂地掠夺矿产、水土、动植物等自然资源，市场经济培育起来的拜金主义、个人主义导致一些不良企业主为了追求利润最大化而大肆排放有毒物体……要解决生态失衡问题，诚然要优化制度结构、改变人的生活方式、构建人类命运共同体，但关键点是大力倡导生态伦理观念，树立绿色俭朴的生活方式。

不可否认，正是人类对自然制天命的天人相分思想行为导致了如今严重的生态危机、生态灾难，特别是一些贪心的人对自然资源的掠夺性开发、占有深深地伤害了动植物、破坏了生态的良性循环，也正因如此，这些人理应对之问责。但是，天人相分的理念对生态伦理责任建构也具有积极意义。一是它告诉我们，人类的能力是有限的又是无限的，它所拥有的强大认知能力和实践能力，注定它既能够破坏自然、损害生态又能够建设自然、美化自然、优化自然，因此人类必须以一种强烈的生态道德责任意识去保护自然、爱护生命。二是为人履行生态伦理责任创设思想基础。对人仁义之心，向善致善的才质、禀赋等理性化道德情感的阐释，揭明了人是宇宙大化中具有高级情感的动物。这不仅对于提高人的道德责任感具有较为积极的提振作用，也为人辅天补天、爱物重生提供了人性伦理基础。三是为保护生态平衡起到约束作用。正是因为认识到天人相分，彼此具有不同的范围、性质和功能，才使人有责任控制欲望、约束行为，防止肆意而为，防止“与天争职”，防止逾越其本分肆意干预天地自然的正常运转，进而防止导致生态危机。四是“制天命”的主体实践作为不会造成生态环境的破坏。只要人们放弃对自然一味征服、肆意掠夺的纯工具主义、纯功利主义态度，坚持人的自然权利与自然义务的有机统一，在合理范围内改变自然，就会变自然不利因素为有利因素、无用方面为有用方面，从而在人与自然“制天命”的双向互动中，实现彼此的共赢共生、和谐相处。

二　天人统一论

中国古代思想家建构了“天人合一”的生态伦理，老子倡导与自然合而为一，庄子主张“无以人灭天”；儒家从天人一体、天人合道和天人合德三大方面阐述了丰富的天人合一理念。天与人、自然与社会诚然存在哲学意义上的对立的一面，但根本上两者是有机统一的。

（一）人从属于自然

针对人类过度开发、利用、改造自然带来了许多恶果，恩格斯明确指出：“我们连同我们的肉、血和头脑都是属于自然界和存在于自然之中的。”[①] 随着自然科学的大踏步前进，“我们越来越有可能学会认识并因而控制那些至少是由我们的最常见的生产行为所引起的较远的自然后果。但是这种事情发生得越多，人们就越是不仅再次感觉到，而且也认识到自身和自然界的一体性，而那种关于精神和物质、人类和自然、灵魂和肉体之间的对立的荒谬的、反自然的观点，也就越不可能成立了……”[②] 恩格斯的论述表明，无论人类进化到何种程度，本质上它还属于一种自然存在物，还具有自然属性。

中国古代哲人指出天与人共属于生命的统一体。孟子从生成论视角断言“天之生物也，使之一本”（《孟子·滕文公上》），宋代儒家从生机主义出发，鲜明地彰显了天地的“生生之易”思想，把天人看成是相通的。周敦颐明言道我与天地之同在于皆有生意；张载把事实和价值、宇宙本体论和道德价值论统一起来，提出了“民吾同胞，物吾

① 《马克思恩格斯选集》第4卷，人民出版社1995年版，第384页。

② 《马克思恩格斯选集》第4卷，人民出版社1995年版，第384页。

与也”[①] 的光辉命题。朱熹立足于结构主义维度指出：“天便脱模是一个大底人，人便是一个小底天。”[②] 这表明人是大自然系统中的小天，天是浩瀚宇宙中的大人，故而天人本质上是统一的。王阳明立足于“致良知”学说，强调天地万物一体、同气相通的“天人合一”，更为直观地指明人与自然万物的同一性，主张人必须以一种强烈的道德责任感善待自然万物，以便建立人与自然和谐共生的、物我不分的天人关系模型。

人至今仍是大自然的组成部分。虽然经过自然界的长期演化，人类形成了超越其他物种的智能，具有更为高级的主动性、自觉性和创造性，但是人类的生命活动始终要遵循生老病死等自然规律，始终要与自然之间保持某种物质、能量和信息的交流，始终要在一定的自然环境中生存。人类只有既与自然相分的同时不断消解与自然的对立，既超越自然又与自然保持一致性，才能使人与自然和谐相处、共生共荣。

（二）自然从属于人

自然有狭义广义之分。狭义的自然即与人类社会相对的自然界，它分为自在自然（天然自然）和人工自然（人化自然）。广义的自然是指具有无穷多样性的一切客观存在物，它与宇宙物质、客观存在、实在这些范畴同义。随着生产力水平的提高，人类认识自然、改造自然的能力不断增强，如今的自然已经不再是原来意义上的自然，而是到处都留下了人的意志印记的自然，即人化了的自然。人是天然自然的创造物，人工自然却是人的创造品。不论是人工自然还是天然自然，都充满着富有规律性的、系统性呈现的和谐之美、之真、之善。

---

① 《张载集·正蒙》，章锡琛点校，中华书局1978年版，第62页。

② 《朱子语类》卷第60，（宋）黎靖德编，王星贤点校，中华书局1994年版，第1426页。

必须指出的是，不论是人化自然还是自然人化，均要求人类正确认识和遵循自然规律，做到像恩格斯所说的那样："一天天地学会更正确地理解自然规律，学会认识我们对自然界的习常过程所作的干预所引起的较近或较远的后果。"[①]

（三）人类务必遵循自然

霍尔姆斯·罗尔斯顿的自然中心主义环境伦理学要求人类必须从四方面相对地遵循大自然，这就是自组织意义上的遵循大自然、拟伦理意义上的遵循大自然、价值论意义上的遵循大自然和指导教师意义上的遵循大自然。[②] 就中国传统天人关系思想而言，从天道与人道的统一性出发，二程讲："天地所以不已，有常久之道也。人能常于可久之道，则与天地合。"[③] 人只有遵守生生不已的常道，才能与天地相合。他们进一步明确地讲："天地之道，至顺而已矣。大人先天不违，亦顺理而已矣。"[④] 这就是说，天地之道必须绝对顺从，大人之所以能够做到不违背先天的意志，就在于他们注意顺应天理行事罢了。可见，遵守天道是人不可或缺的天职、天分。

人类与自然生态系统之间不断地进行着物质、能量和信息交换，大自然是人类活动的舞台、发展的基础、创造的源泉，也是人类温馨的家园。自然可以离开人，人却永远不能离开自然。从自然的维度来说，大自然是孕育人类的母体，人是大自然之子；同时大自然又养育了人，人的衣、食、住、行等都依赖自然的供给，离开了大自然的恩

---

① 《马克思恩格斯选集》第4卷，人民出版社1995年版，第384页。

② 参见［美］霍尔姆斯·罗尔斯顿《环境伦理学——大自然的价值以及人对大自然的义务》，杨通进译，许广明校，中国社会科学出版社2000年版，第46—58页。

③ （宋）程颢、程颐：《二程集·河南程氏粹言》卷第2，王孝渔点校，中华书局2004年版，第1225页。

④ （宋）程颢、程颐：《二程集·河南程氏粹言》卷第2，王孝渔点校，中华书局2004年版，第1225页。

赐，人的一切物质需要无法满足，人也就无法生存。从文化维度来说，自然不仅是经济发展的重要依托，也是人类文化之根，是文化生成的基础，是科学、技术和艺术的不竭源泉。既然人类永远依赖自然、遵从自然，那么即便为了更好地生存和发展要改造和利用自然，也绝不能随意改造、过度浪费，应尽量避免过度改造和破坏，尽量保持原貌，注意改造自然的范围、方式和程度，一句话，应当以一种生态的态度注重自我约束。

三　自然价值论

对于自然或自然界是否具有内在价值，其中最关键的是如何理解价值概念。关于价值的本质规定，归纳起来，大致有以下几种代表性观点。一是“本性说”。它认为价值是天生的，像真、善、美、利及其愉快、正义和欢乐等价值项，都是人类本性固有的，是人本能所追求的而非后天获得的。二是“情感说”。它认为价值的源泉在于情感，情感帮助我们感知世界和辨认价值，价值不能测量或计算，只能通过情感和感觉赖以经验、感知、体会。三是“抽象说”。它认为价值是一些抽象的信念、理想、规范、标准、关系、倾向、爱好、选择等，它用来评价某一事物，来源于并反映了抽象的理想价值。价值虽然看不见、摸不着，却能够指导人的思想，支配人的行动。四是“关系说”。它认为价值是一种关系范畴，表示客体与主体之间的相互联系。任何有联系的事物之间都可能存在价值，价值反映了主体与客体的同一性。五是“意义说”或“需要说”。它认为价值是一种关系范畴，表示客体对主体的意义，表示客体满足了主体需要。六是“属性说”或“效用说”。它认为价值是指客观事物的一种有用属性，是事物本身的功能属性。此外，还有“主体性说”“态度说”和“劳动量说”，等等。

上述观点各有所得又各有所失，从不同方面揭示了价值的本质。其中，除“属性说”或“效用说”之外，都是立足于人类中心角度对价值内涵的阐释，这些显然为生态中心主义者、动物保护者所不能接受。要解决自然界是否具有内在价值、是否存在伦理的问题，不妨把价值分为狭义和广义两种。从狭义上讲，价值可以规定为客体在主客体相互作用过程中满足了人这一主体合理需要、对主体产生积极效应的属性。从广义来说，如果用非常浅显的人类日常用语来说，价值实际上就是我们平常说的“好坏”，包含善恶、美丑、利弊、得失、祸福、荣辱、优劣、贵贱、有用无用、可爱可恨、妥不妥当、值不值得、应该不应该、重要不重要、轻重缓急等，世界上凡是可以用“好坏”来加以叙述并含有取舍意味的对象，就是价值。自然事物特别是生物之间虽然无所谓荣辱、贵贱之分，却存在有用无用、可爱可恨、妥不妥当、值不值得、应该不应该、重要不重要、轻重缓急等属性，因而它们都具有有无价值的问题。

本书将从广义上来理解和使用“价值”范畴，并把自然的价值分为内在价值和外在价值两大类型。自然的外在价值是指自然各种事物、事件对于人类与社会的生存、发展所具有的价值，是自然客体满足人类主体需要的功能属性。根据人和社会的需要，自然的外在价值又可以分为物质价值、精神价值和象征价值。自然的内在价值既是指自然界自身各要素及其子系统满足自身需要的自在自为功能——内在于自然主体自身的自我价值，又是指自然事物（不同自然个体、群体、种类）彼此之间所表现出来的有用功能——内在于自然系统自身。

（一）内在价值

汤姆·雷根不承认自然包括动物的所谓内在价值，而更为凸显它们的固有价值（先赋价值）。而被人称为走向荒野的哲学家霍尔姆斯·罗尔斯顿则集自然价值论之大成，不但指明了大自然所承载的多种多样的价值——生命支撑价值、经济价值、消遣价值、科学价值、审美价值、使基因多样化的价值、历史价值、文化象征价值、塑造性格的价值、多样性与统一性的价值、稳定性与自发性的价值、辩证的价值、生命价值和宗教价值等，而且较为系统地阐述了自然的内在价值和系统价值。罗尔斯顿否定人类中心主义的自然工具价值论，主张放弃“权利”“道德地位”说辞，着力从三个层面论证了自然的内在价值。

第一，自然的客观特性。罗尔斯顿认为不能像辛格那样仅仅根据感觉或精神性来确定道德顾客的范围，从而只把道德关怀的对象限定为主观生命，而将客观生命排斥在外，实际上像植物和昆虫之类的有机体也有自己的“利益”“福利”“偏好”，尽管它们没有自主选择的能力，不是拥有意志的主体，却是拥有意志的客体，是一种有着自己的善的生命，因而它们的行为同样具有价值，同样有理由对其进行伦理关心。[①] 与传统价值论把价值归结为对象满足主体需要、兴趣、愿望的性质不同，罗尔斯顿认为快乐、幸福、福利、痛苦等并非自然存在内在价值的唯一标准：

> 在大自然的客观的格式塔结构中，某些价值是客观地存在于没有感觉的有机体和那些遵循某种行为模式的有评价能力的存在物身上的，它们先于那些伴随感觉而产生的更丰富的价值而存在。[②]

根据上述客观主义价值本质、原因与存在方式的认识，罗尔斯顿

① 参见［美］霍尔姆斯·罗尔斯顿《环境伦理学——大自然的价值以及人对大自然的义务》，杨通进译，许广明校，中国社会科学出版社 2000 年版，第 148—149 页。

② ［美］霍尔姆斯·罗尔斯顿《环境伦理学——大自然的价值以及人对大自然的义务》，杨通进译，许广明校，中国社会科学出版社 2000 年版，第 151 页。

概括地说："没有感觉的有机体是价值的拥有者，尽管不是价值的观赏者。"①

第二，自然的创造特性。罗尔斯顿提出了更为激进的、非人类中心的生物中心自然价值创造论。他指出自然界的价值是客观存在的，是客体的固有属性，是自然事物自身创造的，社会主体只是这些价值的发现者而不是创造者："某些价值是客观地存在于自然界的，它们是被评价者发现的，而不是被评价者创造的。"② 价值有时可以理解为是自然进化产生的生态系统所具有的内在属性，而自然物既通过对环境的主动适应求得自己的生存和发展，还借助于它们彼此之间相互依赖、相互竞争的协同进化使得大自然及其生命的创造性、多样性和精致性得到增加，从而使得大自然创造出了各种各样的价值。

第三，自然的目的特性。在阐述有机体的价值时，罗尔斯顿运用了目的论观点，指出像树之类的有机体"有自己的目的、有自我运行（即自动的）的规律（希腊语：规范）。它是自我控制的"③；它们是健康的、生气勃勃的和繁荣昌盛的，有自我发动和自我保护的倾向；与机器的工具价值不同，附丽在有机体上的价值源于自发的自然系统所具有的、非派生性的自主性。④

保罗·沃伦·泰勒是美国著名环境伦理学家，他在借鉴人际伦理学和现代生态学的基础上创建了以生物中心主义自然观为核心的尊重自然的伦理学。他 1986 年出版的代表作《尊重自然：一种环境伦理学理论》，被视为当代捍卫生物中心主义伦理学的最完整且最具哲学

---

① ［美］霍尔姆斯·罗尔斯顿《环境伦理学——大自然的价值以及人对大自然的义务》，杨通进译，许广明校，中国社会科学出版社 2000 年版，第 152 页。

② ［美］霍尔姆斯·罗尔斯顿《环境伦理学——大自然的价值以及人对大自然的义务》，杨通进译，许广明校，中国社会科学出版社 2000 年版，第 158—159 页。

③ ［美］霍尔姆斯·罗尔斯顿《环境伦理学——大自然的价值以及人对大自然的义务》，杨通进译，许广明校，中国社会科学出版社 2000 年版，第 143 页。

④ 参见［美］霍尔姆斯·罗尔斯顿《环境伦理学——大自然的价值以及人对大自然的义务》，杨通进译，许广明校，中国社会科学出版社 2000 年版，第 143 页。

深度的著作之一。该书着力阐述了以“固有价值”而非“内在价值”为核心要义的自然价值论，其主要内容可以概括为四点。

一是依据“存在物善”的概念，指出自然实体存在固有的善：“如果我们能够正确地或错误地说，某事对于一个实体来说有利或有害而不涉及任何其他实体，那么该实体就具有自身的善。”① 泰勒认为虽然有些实体拥有自身的善却严格来说不能被说成拥有利益，但是存在两个基本原理，这就是：“所有动物，不管它们会与人类有多么大的不同，都是拥有自身善的存在。”② “所有植物也同样是拥有自身善的存在。”③ 自然实体拥有自身善，是它具有固有价值的充分必要条件。

二是基于非人类中心主义环境伦理中的个体主义，强调自然界中拥有固有价值的唯一实体是个体，而不是像物种、生态系统、生态系统中的生命共同体之类的整体实体。泰勒并不否定种群的善和共同体的善，承认它们是有意义的，但是，他也指出个体之善与群体之善有时会发生不一致——促进或保护生物个体的善可能不能促进或保护整个生物共同体的善，反之亦然，因而“不管其他实体的善如何，构成真正可定义的（definable）善的实体只有个体生物”④。

三是出于生物平等主义的思想假设，强调自然界中每个个体的固有价值不存在等差之分，没有充分理由证明各种不同的自然实体具有不同程度的固有价值。同时，泰勒还指出，必须区分实体的内在价值、天赋价值与固有价值，前两者是人类或其他有意识的存在物所体

① ［美］保罗·沃伦·泰勒：《尊重自然：一种环境伦理学的理论》，雷毅、李小重、高山译，首都师范大学出版社 2010 年版，第 37 页。

② ［美］保罗·沃伦·泰勒：《尊重自然：一种环境伦理学的理论》，雷毅、李小重、高山译，首都师范大学出版社 2010 年版，第 40 页。

③ ［美］保罗·沃伦·泰勒：《尊重自然：一种环境伦理学的理论》，雷毅、李小重、高山译，首都师范大学出版社 2010 年版，第 40 页。

④ ［美］保罗·沃伦·泰勒：《尊重自然：一种环境伦理学的理论》，雷毅、李小重、高山译，首都师范大学出版社 2010 年版，第 42 页。

验到的（功利性的）或赋予的（非功利性的），它们离不开评价，而后者则是自身就拥有善的实体具有的独立不倚的自我价值："如果一个生物真的拥有固有价值，那么，它拥有这种价值，与它可能拥有的任何工具价值和天赋价值无关，也与其他存在物的善无关。"①

在笔者看来，所谓生态有时表示健康的、有机的、美好的、有活力的、和谐的等，而大自然本身就具有这些特性，由此决定了它既具有固有价值也具有内在价值。

1. 自然是有机的系统

不错，整个宇宙是由有机物和无机物共同构成的，因而具有无机性的一面。之所以断言大自然是有机的，不仅在于它充满着各种各样的有机物，还在于它呈现出如下特性：

其一，自然事物之间彼此相互联系。辩证唯物主义指出，整个世界是普遍联系的，有的是直接的，有的则是间接的。我们可以发现，无机物与无机物、有机物与有机物以及无机物与有机物之间相互依存、相互作用。正是这种相互联系、相互依存和相互作用，才使得一物与一物之间形成了功能性的价值关系。例如，万物的生长离不开太阳、雨水，食肉动物的生存离不开其他动物，等等。

其二，自然界构成了有机的系统。犹如罗尔斯顿所指出的："早在人类产生以前，有机体就从工具利用的角度来评判其他有机体和地球资源。"②和有机体一样，生态系统是一个具有选择能力的系统（它选择个性、分化、充足的遏制、生命的数量和质量、持续时间较长的性状等），自然共同体的美丽、完整和稳定包含着对个性的持续不断的选择，所有这些使得生态系统不仅具有工具价值和内在价值，更拥

① ［美］保罗·沃伦·泰勒：《尊重自然：一种环境伦理学的理论》，雷毅、李小重、高山译，首都师范大学出版社2010年版，第46页。

② ［美］霍尔姆斯·罗尔斯顿：《环境伦理学——大自然的价值以及人对大自然的义务》，杨通进译，许广明校，中国社会科学出版社2000年版，第253页。

有系统价值——通过创造性而创生包含万物的大自然；系统价值并不完全浓缩在个体身上，也不是部分价值的总和，而弥漫在整个生态系统之中。[①]

当代系统论和结构论揭示了自然界是一个由不同层次、不同要素、不同方面的小系统组成的超大系统，不同要素、不同系统及其与环境之间也是相互适应、相互耦合、相互协调的，并处于相对平衡状态。虽然自然系统具有自我调节、自我组织、自我恢复的功能，譬如海水可以实现自我净化，但是，不仅有的要素和系统一旦破坏就无法再生，并且，自然界某一部分的损害假如超过一定的阈值，超过了系统的抗干扰能力，就会使本来是一个生态系统失去平衡，造成无法弥补的损失，甚至带来灾难性后果，从而影响自然价值的发挥。

自然界任何事物都是不断运动、不断变化、不断循环的，这既决定了它自身需要从其他事物中汲取养分，以维持自身的生存、发展，也决定了它可以不断地为其他事物提供价值物，从而构成了有机的价值链条。虽然笔者不赞同柏拉图、亚里士多德等古代西方有机论思想家提出的自然目的论，也不认可所谓的"猫生出来是为了抓老鼠，老鼠生下来是为了被猫抓"的庸俗目的论，但是承认任何事物本身存在由其必然性（天性、本能）所决定的目的性，尤其是一些动植物的运动、变化存在着一定的取向性，也肯定自然事物之间存在一定的目的和手段关系——蜜蜂采蜜固然是为了自身的需要客观上也为花传粉。

其三，自然界充满无限生机和活力。众所周知，整体论、目的论和物活论构成了古希腊的有机论自然观，而气体论则为中国古代有机论自然观的典型形态。撇开无机物是否具有活力的观点不论，中国古代思想家从生机主义出发，鲜明地彰显天地万物的"生生之德"和

① 参见［美］霍尔姆斯·罗尔斯顿《环境伦理学——大自然的价值以及人对大自然的义务》，杨通进译，许广明校，中国社会科学出版社2000年版，第255页。

"生生之易"，认为天地皆有生意。恩格斯指出："世界不是一成不变的事物的集合体，而是过程的集合体"①，"整个自然界，从最小的东西到最大的东西，从沙粒到太阳，从原生生物到人，都处于永恒的产生和消灭中，处于不断的流动中，处于无休止的运动和变化中"②。自然界不论就它的整体来看还是就其局部来看都处在不断的运动、变化、发展之中，自然万物生生不息、异彩纷呈，为人类提供求真、求善、求美、求利的不竭源泉。我们可以不认同绝对化的物种中心主义、动物中心主义的某些基本结论——例如极端化的素食主义，但是，它们强调与人一样动植物具有情感、伦理、价值等，也是一种与人平等的生命存在，还是较为合理的。据此，我们人类应当以一种"民胞物与"的态度像爱自己的同类一样去关爱、同情、保护动植物。

2. 自然是和谐的系统

毋庸置疑，自然充满洪水猛兽、弱肉强食、狂风暴雨等灾变，存在混乱、多变、无序和不稳定等不和谐现象，它们会给人类造成各种危害。不过，自然界同样存在和谐之处，和谐中有不和谐，不和谐中也有潜在的和谐，绝对的和谐和绝对的不和谐都是不存在的。而且，在一定条件下自然界的和谐与不和谐也会相互转化，以达到宏观总体的和谐共进、稳定平衡。自然界是一个由自然物质不同质的差异的部分相互配合、相互促进、相互补充、相互支持、相互完善、相互推动所形成的和谐世界。这种和谐，一方面来自自然界各部分存在多样性的差异和多样性的统一，构成"和而不同"；另一方面来源于自然界系统内各种要素数量比例的协调、对称，使系统各要素处于相对稳定、相对平衡的状态；再一方面根源于自然界和自然现象的合规律性和合目的性，它们使得自然界呈现为一种有序状态，而不是混乱一片。

---

① 《马克思恩格斯选集》第 4 卷，人民出版社 1995 年版，第 24 页。

② ［德］恩格斯：《自然辩证法》，人民出版社 2015 年版，第 15 页。

人类对自然界和谐的认知由来已久。古希腊思想家提出了“人与自然和谐统一”的自然观，毕达哥拉斯派用抽象但又富有规则的“数”来展现自然的规则韵律造成的和谐之美，苏格拉底将宇宙当成一个有秩序、有目的的和谐整体加以认识，亚里士多德从目的论和整体论出发建立了逻辑化、系统化的具有有机论色彩的和谐自然观。近代以来，牛顿根据上帝的创造解释宇宙的和谐问题，莱布尼茨也认为自然界的和谐是上帝安排的“前定和谐”，康德把宇宙看成是由过去、现在和将来在时间、空间中延续的无限“协调的整体”。哈肯创立的现代协同学认定协同是有序之源，认为自然万物形态各异，“而各种形态本身又十分和谐协调，常使人心旷神怡。我们往往发现，生物的结构是极重实用的，但一看到许多植物的艳美绚丽的花朵，又不觉惊诧于大自然的风趣和娇纵”[①]；协同学揭示了大自然系统中要素之间的竞争和合作是事物发展的基本动力，大自然是一个高度复杂的协同系统，指明了协同是大自然构成、进化和协作的奥秘。

（二）外在价值

1. 物质价值

从物质实体来说，自然物主要表现为物质产品，它的作用是用来满足人的各种各样的物质需要。人类要生存，要发展，就要创造饮食、服饰、住房、交通文化等，以满足人们的衣食住行等方面的物质生活需要。纯粹自然物在一定程度上能够满足人的物质需求，由此产生了人类早期的狩猎文明。然而，原始的纯粹的自然环境和天然存在物总是有限的、粗糙的，它不可能满足人的所有物质需求，特别是随着人类社会的发展和人口规模的扩大，自然物同人类物质需要之间的

---

① ［德］赫尔曼·哈肯：《协同学：大自然构成的奥秘》，凌复华译，上海译文出版社2013年版，第18页。

矛盾越来越尖锐，于是人类就对原始的第一自然加以实践化的改造，从而形成了人性化的第二自然。诸如各种饮食、服饰、建筑、汽车等之类的自然物，正是人类为满足自身吃、喝、住、穿、行等物质需要而创造出来的产物。

2. 精神价值

自然物质是具有各种规定、性能、关系等的客观实在性系统，丰富多样的特性决定了自然物在与人的相互作用下，不仅可以满足人的生理的、物质的需要，也可以满足人的文化的、精神的需要。自然物之所以具有精神价值，还在于它是人的精神外化的产物，是凝聚了人的价值观念、道德祈求、审美趣味、社会理想、知识力量和智慧水平的结晶。自然物的精神价值主要可以分为以下三个方面：一是审美功能。许多自然物是人按照美的规律来创造的，直接或间接地体现了人的审美趣味、审美理想，从而成为人们进行审美观照的对象，给人带来美的享受，能够陶冶人的情操。二是娱乐功能。在物态文化大系统中，有的直接是用来娱乐的，如一些工艺品、体育用品、玩具等；有的虽然是生活必需品，但也带有娱乐的功效，如一些酒具等。三是认知功能。许多自然物如各种化石负载着人类活动、语言文字、历史典故、风俗习惯、科学技术等文化信息，通过人的解读可以丰富人的知识，提高人的认知水平。

3. 象征价值

自然物在某种意义上代表着一种文化符号、一种象征体系，蕴含一定的知识信息、精神信息和社会信息，具有一定的象征功能。一方面是社会身份的标识。具有不同的社会身份、角色和地位的人在物质待遇、物质资源等方面各有差异，使得自然物成为衡量一个人社会身份的重要标识。古代中国在饮食内容、礼仪、规模等方面都有严格的等级礼制，从食器的质地、造型、使用到各种宴会的规格、座次、食具的安排，均有明确而严格的规定，从而体现出“长幼有序”“卑尊有等”的等差秩序。另一方面是社会地域的象征。由于受历史传统、习惯势力、地理环境等因素的影响，自然物的地域性仍然存在，从而使之成为区别不同地域特色的标志。在饮食方面，北方畜牧民族以肉食和奶食为其主要食物，南方和西南少数民族为农耕民族，主要以米饭为主食，尤喜糯食，兼食玉米、麦面、高粱、土豆等。在建筑方面，古代中国南方和北方的地理、气候等自然条件不同，少数民族居室各异，北方主要居住帐篷，南方主要是干栏式建筑。

四　环境功能论

说起环境的功能，不能不提及韩立新的《环境价值论》，因为功能与价值有时可以等同。《环境价值论》一共分为四大部分：其一是导论，重点讨论了环境伦理存在的理由、环境伦理的主张和环境伦理的革命；其二是自然的权利，研究了自然义务、自然价值、自然（包括动植物）权利、伦理整体主义和自然权利的诉讼；其三是环境正义，主要涉及限制自由与代内正义、代际伦理及其面临的困难；其四是社会变革背景下的生态环境思潮，大体阐述了社会派的环境思想（深层生态学、生态社会主义）和马克思的环境思想。[①] 由此可见，《环境价值论》并不是一本系统阐述环境价值的专著，而更像是环境伦理学著作。不过，该书倒是对霍尔姆斯·罗尔斯顿的“自然价值论”做了评述。

如果说生态伦理和环境伦理最直接、最重要的功能就是为人类创造宜居、宜生、宜游的生态环境，使人与环境之间保持顺畅的物质、能量和信息交换，那么良好的生态环境可以为人类提供适宜的生存、生活、发展、享受的自然条件或物质基础。生态环境会直接地、间接

① 参见韩立新《环境价值论》，云南人民出版社 2005 年版。

地、潜在地、长远地对人类的生存和发展产生影响，而人类对生态环境从来不是被动适应，而是主动改造，人类活动也会直接地、间接地、潜在地、长远地对生态环境产生影响。一方水土养一方人。一个地域的生态环境往往会对当地文化的形成、内容、类型、性质、发展等产生深刻影响。不同地区的人正是在适应和改造各自的地形、地势、地貌、气候、水文、植被、动植物等自然环境的过程中形成了不同的生活方式，创造出各具特色的住房饮食、交通工具、服装装饰、宗教信仰、风俗习惯、祭祀方式、情感模式、道德意识等多种多样的民族文化和地域文化。不过，强化对优良环境的塑造，保持人与自然之间的生态平衡，其功能作用主要体现在以下五个方面。

（一）确保实现全面现代化

虽然西方早期现代化带来了严重的环境污染，经过了先污染后治理的路子，但是西方发达国家一则借助于不懈治理，一则通过向外转移高污染产业，逐渐实现了某种生态环境的改善。作为后发现代化国家，中国尽管早在改革开放之初就强调注重环境保护，1979 年制定并颁布了《中华人民共和国环境保护法（试行）》，以后逐步建立健全了一系列环境保护的法规、体制和机制，并将解决环境问题纳入国家发展战略之中，取得了一定的实际成效。但是，由于中国工业基础弱、底子薄，经济结构不合理，科技设备落后，缺少先进管理经验等，导致与其他发展中国家一样，产生了较为严重的生态环境破坏问题，加强环境保护同样成为中国的当务之急。

1. 环境问题事关现代化的成败与否

从现代化过程来看，伴随着工业化、城市化而来的现代化，必定要付出生态失衡、环境破坏的代价，这是人类文明的演进规律和历史宿命。即便环境问题有所好转的西方发达国家，也要和发展中国家一样承受高消费模式、对资源疯狂掠夺等所造成的沙漠化、臭氧层越来越稀薄、全球气候变暖、物种和森林覆盖面积不断减少等环境恶化、生态危机之类的全球性问题。如果说追求现代化必然带来环境破坏的话，那么人类应当采取行之有效的举措尽量把环境恶化造成的损失减少到最低程度。如果一个国家和地区在追求现代化过程中不注意环境保护，不控制环境污染和生态破坏加剧的趋势，就无法实现人口、资源和环境三者的良性循环，就无法保证经济建设与资源、环境相协调，就无法使社会生产力得到持续发展，就无法为现代化提高安全有效的资源保障。反之，才能确保现代化伟业获得永续发展。

2. 环境质量是衡量一个国家和地区现代化程度的一个重要标志

如前所述，尽管欧美等已经现代化国家、地区经历了环境破坏、污染的历程，尽管它们同样要遭受全球性环境问题的考验，但是经过长期不懈的整治，其环境保护工作取得了较为显著的成绩，有了比较明显的改观。而包括中国在内的追赶现代化的国家地区既要承受由于自身工业化、城市化带来的巨大而严峻的环境压力，又要防止由于一些发达国家的产业转移造成的环境破坏。要确保现代化文明水平的提高，确保现代化真正持续、健康进行，就必须在现代化与环境之间保持必要的张力、平衡。同时，人是自然之子，作为自然的、肉体的、感性的、对象性的存在物，和动植物一样，是直接的自然存在物，是受动的、受制约的和受限制的存在物。自然环境某种程度上决定着人的快乐、幸福，而现代化的终极目的就是为人类、为社会创造幸福，幸福指数是衡量现代化的重要指标。由此表明，良好的环境是影响现代化人文质量的重要参数，环境质量是衡量一个国家和地区文明程度的一个重要标志。中国现代化事业是造福于民、泽及子孙的伟大事业，如果不加强治理污染和破坏日益严重的自然环境，不仅不能保证当代人的生活质量，也会祸及子孙后代，那无异于是对未来人的犯罪。据此，中国的现代化既要着力解决宏观环境问题、中观环境问题，也要注重化解微观环境问题，大力强化环境道德建设，推动全民尽快树立起强烈的环境道德意识。

（二）树立良好的社会形象

虽然影响社会形象的因素多种多样，但环境却是不可忽视的重要变量。维护和建设美好的生态环境是社会治理的重要环节和任务，它不仅可以增强一个区域的凝聚力与竞争力，能够愉悦人心，提高人的精神文化修养，还能够树立自身的良好形象。所谓社会形象是指社会和大众对一个地区的认识与评价，它体现了该地区的声誉和知名度，反映了它在社会大众心目中的印象和认可程度。社会形象是由各种要素所生发出来的，这些要素一般可概括为有形要素和无形要素两大类，有形要素就包括自然物质环境。

生态环境在塑造地区良好形象方面具有多种功能。一是优美的生态环境能够给社会大众带来强烈的审美感受，在人们的心目中树立优雅、精致、和谐、大气、壮观、愉悦等形象。二是良好的生态环境可以向世人展示地区的发展实力。良好的外在环境往往必须依靠投入，必然依靠经济条件提供物质基础。这样，人们从美好的环境上就会感受到一个地区发达的生产水平和雄厚的经济实力。三是美好的生态环境能够传达形象识别特色和优势。优美的生态环境具有可见的、长期的、固定的视觉识别作用，容易被认知和把握，其视觉传播具有迅速快捷的特点。这是因为环境的视觉符号本身包含的意义不需要经过理解即可直接进入人的感觉、进入人的潜意识领感，产生强烈的心理冲击效果，从而获得人们的良好认识和评价、感知和认同。正如有的学者所深刻指出的："视觉识别符号是一种视觉艺术，作为艺术，是追求内容美和形式美的完整统一，而接受者即社会公众进行识别的过程，实际上就是一个审美的过程。……视觉识别的设计就必须根据艺术形式美的规律，充分运用对称、平衡、秩序、韵律、调和、比例等美学原则，才能更好地、有创意地从事视觉系统设计和形式美的创造。”[①] 可见，优美的自然环境不失为塑造一个区域形象的重要变量。

（三）增强地区吸引力

影响与制约一个地区吸引力的因素是多种多样的，既有生产力发展水平、科技水平和公共服务能力、产品的质量，也有良好的物理环境。生态环境的吸引力大致包括对外吸引力和对内吸引力两方面，优良的生态环境在人与环境的良性互动中能够增强地区的吸引力。

不同的环境通过影响社会大众的主观感受和精神状态而影响地区的吸引力。“促使主体以不同的感受和行为去对待环境，愉快或是厌恶，幸福或是不幸，满足或是不满足，兴奋或是抑制，从而决定对环境是接近或是回避；或者说，环境总是以某种方式唤起人的情绪反应，这种内心的反应又进一步导致人的接近或回避环境的行为。”[②] 一般来说，美好的环境总是能够为人提供较佳的生产生活空间，创造宜人的工作氛围和环境，从而使人获得快乐、幸福，使其身心保持协调健康发展，由此凝聚力就会大大增强——环保、干净、明亮、整齐、有序、壮丽、漂亮的物质环境能够使人在生活上感到轻松、舒适，在精神上产生愉悦的美感，从而使人产生强烈的依赖感、归属感。

加强生态环境建设是增加吸引力的有效手段，它除了为了给人们创造良好的生产生活条件之外，也是为了增加本地区在社会公众心目中的信任度和美誉度。这主要表现在以下两点上。其一是适应性。人创造环境，也能改变环境、适应环境。要提升吸引力，无疑是要尽量使环境因素适合于人的生理心理需要、心理条件，实现人与环境的有机协调，促使人较好地适应环境。只有建设优美环境，才能满足人对更美好环境和更高生活质量的追求，才能吸引人心、留住人心，才能

---

① 陈荣荣、刘英骥主编：《现代企业形象塑造》，经济管理出版社 1997 年版，第 174—175 页。

② 黄河涛主编：《现代市场的美学冲击》，人民出版社 1996 年版，第 298 页。

让人在适宜的环境中产生愉悦感和家园感。其二是选择性。人们选择一个国家、一个地方、一个城市的动机并不是完全一致的，有的可能是出于强烈的事业心——即便环境再艰苦也愿意忍受，有的可能主要基于功利（获取较高的收入）的考虑而不计较环境的好坏……不过，在同样的条件下，人们更愿意在环境更为美好的地方工作，更愿意留在适合人生产生活的环境里。

（四）生态环境影响人类的生产

自然界或生态环境为人类生产提供了各种物质资源，是人类生产生活的物质基础。且不说农业生产靠天吃饭，直接依赖大自然的“恩赐”，即便是工业生产，其所需的能源、资源和动力也大多依靠自然的供给。同时，地形、气候、物种、能源等条件，在世界上也形成了不同的作物、耕作方式、生产方式、发展水平，生态环境深刻影响着人类文明的演进和每一个人的生活，由此生成了陆地文化、海洋文明。从反面来说，自然灾害、环境污染、生态破坏直接威胁人类生存，甚至会导致人类文明的消亡，如大量砍伐森林引起严重的水土流失和土壤沙化致使巴比伦王国和楼兰灭亡。

在市场经济条件下，优美的生态环境通过不同方式和途径促进企业竞争力的提高。环境心理学和技术美学的研究表明，保持声音、光线、空气、色彩和设备等对生产者的最佳参数，可以使生产者避免各种紧张、劳累、厌烦、困顿等不良情绪，感到轻松、舒适，以最佳的精神状态投入到工作中，从而提高劳动效率。“环境优美，山清水秀，空气清新，把企业打扮得像公园，像旅游胜地，有利于培养企业员工‘以厂为家’的主人翁责任感，有利于企业员工的身心健康，自然也有利于企业的生产经营和经济效益的提高。”① 企业漂亮、整洁、协

① 张林涛：《企业美略论》，载荣滋自主编《企业文化之星》，中国工人出版社2004年版，第209页。

调的自然环境可以在不知不觉、自然而然中培养广大员工的审美情趣，养成爱美的习性，陶冶美好的情操。

在旅游业和休闲文化逐步兴盛的条件下，优美的环境和景观日益成为发展旅游的重要资源，成为地区经济发展新的重要生长点，也成为增强竞争力的重要依托。生态旅游带来大量人流，不仅可以获得门票等收入，同时也可以带动餐饮、住宿、购物等相关产业的发展。一个地区之所以能够吸引游客的目光，引起游客的兴趣，就在于它具有悠久的历史文化、优美的自然景观等，它们被广大游客所感受、认识和了解，必将扩大地区的美誉度和社会影响，增强人们对其的认同与好感。

（五）生态环境影响人的身心健康

人是大自然之子，优美、清洁、和谐的环境不仅有益于人的身体健康，也有助于人的心情舒畅、精力集中，使人保持饱满的情绪，消除人的疲劳。保持清洁、整齐、有条不紊的环境，是人的高尚志趣、美好情操的反映，也是人良好生活态度的体现。

自然环境所提供的气候、瘟疫、食物等因素直接影响人的健康，环境污染诱发一些严重疾病，威胁人类健康。据调查，在癌症、心脑血管疾病、糖尿病等高危病种的发病因素中，因环境污染而患病的占75%。生态环境也会形成不同的性格特点、心理感受、思维方式、情绪体验，而对自然资源的过度消费和掠夺，不仅造成物质财富的浪费，也导致各种现代疾病如癌症的滋生。

相反，美好的生态环境对人的发展会起到良好的作用。人作为主体同环境这一对象化客体之间并不是相互隔绝的，而是保持着相互作用、相互渗透、相互依存的辩证统一关系，主体在创造环境的同时，也受到环境的熏陶、改变。要保持主体的身心健康发展，使之获得更好的生存、发展和享受条件，就必须创造一种良好的环境，促使人同周围环境实现良性互动、和谐共处。良好的自然环境能够产生积极的心理效应。环境心理学告诉我们，优美的环境能够积极影响人的生理和心理，可以愉悦人的身心，使其消除疲劳、厌烦、单调、不安等情绪，而感到舒适、轻松、愉悦。就视觉环境而言，“人们对光线和色彩的感觉是一个复杂的心理过程，不同的光线、色彩会引起冷暖、远近、轻重、大小、明暗等心理效应，使神经系统相应地产生兴奋、忧郁、愉快、坚决、轻松、烦躁、焦急等心理反应，还可以造成庄严、高雅、富贵、朴素、热情、喜庆、宁静、幽雅、舒适等各种情调”①。营造出一种独特、优雅、开朗的视觉环境，必将使人产生美感，增加愉悦感。就听觉环境而言，恰到好处的声音能使人心情愉快、减轻疲劳、安定情绪和激励斗志。反过来，嘈杂无序的音响会导致人神经系统紊乱，导致人心烦意乱，导致人注意力分散。“噪声不仅对人的听觉产生影响，而且对人视觉也有一定影响。它使人的视觉运动反应潜伏延长，视觉分析功能、视力清晰度及稳定性下降；而强噪声可以引起色觉与色视野异常，使眼睛对运动物体的对称平衡判断迟钝或错误，并使眼睛细胞区别光亮的敏感性降低，同时引起识别弱光反应时间延长。”② 就嗅觉环境而言，经常运行必要的通风和除尘，坚持打扫卫生，种植树木花草，时时注意净化空气，以保持室内外空气的清新，防止空气污染，保持适宜的温湿度，不仅有利于人身体的健康，也能使人产生快乐、舒服的感觉。此外，人与环境的最佳结合，以确保人的安全生产生活，也可以促进人身心的健康发展，造成良好的心理效应。

① 陈荣荣、刘英骥主编：《现代企业形象塑造》，经济管理出版社 1997 年版，第 189 页。
② 黄河涛主编：《现代市场的美学冲击》，人民出版社 1996 年版，第 301 页。

五　自然权责论

在国外，权利被规定为“资格”“有效力的要求权”等。笔者认为权利通常表示主体对自身或外在的某物的一种所属关系，这些事物细分起来，有物质的如物体甚至包括人的肉体生命，也有精神的，如科学知识、信仰、习惯、人格尊严等，此外还有一种既非物质又非精神的，如人的行为、发明、言论等。总之权利本质上是社会主体对各种事物自由地享有和支配的可能性。相应地，道德权利也就是指主体在道德关系领域里自由支配和占有某物的可能性。与“责任”对应的英文词是“responsibility”，它源于拉丁语“respondere”，意指“应答”或“允诺回应”，表示接受或拒绝上帝的召唤。而在近现代伦理学中，“responsibility”表示社会主体分内应做的事情、应承担的任务、使命抑或应完成的工作。

人类中心主义者一般只承认人权而否定自然权利，美国伦理学家彼得·S. 温茨对这一观点的证明做了概括：“人类具有不朽的灵魂；人们能够言说并进行抽象的推理；人们能够合乎道德地行动；人们能够拟定并遵循契约；而且人们能够从基本人权中获益。”[①] 西方现代自然中心主义者从权责角度基于人类共同面临的生态灾难的忧患意识，指责人类中心主义者在对待自然的态度上只顾追求自身获取自然资源的权利，而忽视了所应承担的保护义务和关切责任。澳大利亚哲学家、伦理学家彼得·辛格的动物解放论和美国哲学家、伦理学家汤姆·雷根的动物权利论，围绕动物的权责做了较为充分的阐释。笔者

---

① ［美］彼得·S. 温茨：《现代环境伦理》，宋玉波、朱丹琼译，世纪出版集团上海人民出版社2007年版，第163页。

在此想强调的是，唯有强势人类中心主义者才不顾及自然界及其动植物的权利，弱势人类中心主义生态伦理能够做到关注关心它们的价值和权利。理应分清楚自然权利一般分为两个层面：一是自然事物向人类提出的受尊重、受保护的权利，譬如它们的自主权、生存权、发展权等；二是人类拥有的关于自然的利用、分配、享有等权利，科学合理的生态伦理应当在这两种权利之间保持必要的平衡。雷毅在阐明自然价值是自然权利的前提之后，提出了自然界的权利和尊重自然界的权利的观念①，这是颇有见地的。

（一）动物具有权利

早在17、18世纪，西方一些仁慈主义者就注意到动物的权利问题。譬如早期功利主义者边沁就预测：“总有一天，其他动物也会获得这些除非遭专制之手剥夺、否则绝不放弃的权利。”② 而当代生命伦理学家辛格1975年出版的《动物解放》一书被誉为“动物保护运动的圣经”“生命伦理学的经典之作”和“素食主义的宣言”，它阐释了一切动物均是平等的思想，揭露了动物实验的野蛮性和工厂化农场动物被宰杀的悲惨命运，批判了当今时代仍然存在的各种动物歧视现象，表达了过一种素食主义生活和反对对非人类动物施加暴行的强烈愿望。

辛格的功利主义动物解放论依据快乐论——凡是能带来快乐的行为就是善的行为，凡是带来痛苦的行为就是恶的行为，断定大量事实表明动物和人一样也能感受痛苦和快乐，应该把动物作为道德关怀的对象纳入“道德计算”之中。他指出，依据边沁功利主义的“每一个行动者的利益都是平等”的观点（每个都算一个，没有一个多于另

① 参见雷毅《生态伦理学》，陕西人民教育出版社2000年版，第226—247页。

② ［美］罗德里克·弗雷泽·纳什：《大自然的权利：环境伦理学史》，杨通进译，青岛出版社1999年版，第25页。

一个），应该出于理性而不是感性地反对物种歧视，把平等地关心每个对象的利益的伦理原则扩展到非人类动物身上，使之获得真正的解放；当然这样说并不是主张“给予两个群体一样的权利”①，而只是平等的考虑：“对不同生物运用平等的考虑，所产生的待遇方式以及权利可能不一样。”② 在辛格看来，由于包括人在内的不同动物的利益之间有时会发生冲突，因而应当按照“种际正义原则”加以协调处理，这就是：心理较为复杂的动物的利益优先于心理较为简单的动物的类似利益和一个动物的基本利益优先于另一动物的非基本利益。

辛格的动物解放论诚然有助于推动动物保护、环境保护运动，有益于自然资源的节约，它与中国传统佛教的“众生平等”伦理观和素食主义生活方式也有着异曲同工之妙，但是，它也受到包括下述的汤姆·雷根在内的国内外众多学者的批评。他们指出它至少存在这样一些缺陷：一是道德关怀的对象局限于具有感知能力的动物，而忽视了一些低等动物；二是他根据边沁功利主义强调关心动物的权益，可是他提倡的素食主义方案却背离了“最大多数人的最大幸福”这一功利主义原则，陷于自相矛盾困境之中；三是人类本就是一种杂食动物，素食主义可以被一些人所接受，但不合乎绝大多数人的饮食习惯，况且如果试图普遍推行素食主义，极有可能打破整个生态系统的平衡；四是辛格有时明确表示动物没有权利，有时似乎承认动物群体具有某种权利，态度比较暧昧。

在自然享有权利学说中，美国哲学家汤姆·雷根的动物权利论也最有代表性。他号称提出“动物权利”的第一人，被誉为世界著名动物权利运动的先驱，1983 年出版了《动物权利研究》著作。该书虽

---

① ［澳大利亚］彼得·辛格：《动物解放》，孟祥森、钱永祥译，光明日报出版社 1999 年版，第 3 页。

② ［澳大利亚］彼得·辛格：《动物解放》，孟祥森、钱永祥译，光明日报出版社 1999 年版，第 4 页。

然不是人类讨论动物权利的第一本书，却是当代最有权威性的关于动物权利的动物伦理学专著。该书首先探讨了动物的意识及其复杂性以及动物的福利，然后探颐了道德判断、评价道德原则的标准、后果主义与非后果主义等伦理学基本问题，接着它阐述了间接义务观和直接义务观，随后从正义与平等以及权利两个方面论证了动物权利的可能性和合理性。[①] 正如书中内容简介所言，该书超越了辛格的《动物解放》，它以规范的逻辑和思辨技巧逐一驳斥了动物只有本能无法思考、没有意愿、没有信念、意识简单等观点，以及其他种种对动物权利的康德主义、功利主义、商业主义、女性主义的质疑和批评，从而以其智慧的力量为动物保护主义理论赢得了尊重。[②]

雷根根据平等主义的道义论伦理学，建构了独特的动物权利论，并大致从以下两方面做了深入阐发。

一方面，确认动物同样是一种生命主体。雷根驳斥了动物只有本能无法思考、没有意愿、没有信念、意识简单等传统观点，强调动物作为有生命、有意识的主体，和人一样具有期望、偏好、感觉、记忆、认同感和实现自己意愿的能力，拥有一种伴随着愉快和痛苦的生活，具有独立功用性的个体幸福状态，尤其是具有欲望和信念。总之，“这些动物不仅具有意识，而且具有自我意识”[③]。对雷根来讲，所有这些是决定动物拥有和人一般不可侵犯的权利的重要依据，也是决定它们赢得被人尊重的道德权利的理由。

另一方面，肯定动物具有固有价值。雷根从多重价值论角度论证了动物权利的存在。一是指明如同人一样，动物既具有特殊的“偏好自主性”，也具有利益、好处、伤害、死亡等福利性问题。二是批判了至善论和功利主义对正义的解释，阐明了理想的“道德判断的一个

① 参见［美］汤姆·雷根《动物权利研究》，李曦译，北京大学出版社2010年版。
② 参见［美］汤姆·雷根《动物权利研究》，李曦译，北京大学出版社2010年版。
③ ［美］汤姆·雷根：《动物权利研究》，李曦译，北京大学出版社2010年版，第69页。

条件是不偏不倚，指的是遵守形式化的正义原则。该原则要求所有个体得到他们应得的东西，如果相似个体得到不同对待，那我们没有做到不偏不倚”[①] 观点，强调真正的正义是体现个体的平等，而所有动物都是平等的，据此我们应当尊重所有个体——自然包括动物。三是阐释了内在价值只是赋予个体以体验比如快乐或者偏好的满足，而固有价值无法被还原成个体的生活体验的内在价值，不能通过合计内在价值来确定固有价值，二者既不可通约，也无法比较与交换；虽然特定个体具有特定的固有价值，但是任何道德主体都具有平等的固有价值：“只要道德主体拥有固有价值，那么他们的固有价值就是平等的。”[②] 基于生命主体标准，即使是道德病人，也和道德主体一样具有同样的固有价值：“如果我们假定了道德主体的固有价值，那么我们就无法不武断地否认道德病人具有固有价值。”[③] 因此与道德主体一样道德病人也具有受到尊重的权利。四是存在普遍的、平等的、区别于法律权利的道德权利，道德权利不受种族、性别、宗教、出生地等因素的影响，即便是动物，也具有道德权利：“在动物那里尤其可以说，你不能因为此项权利没有被任何国家承认为法定权利，就否认动物具备所讨论的基本道德权利。”[④] 雷根明确指出，尊重动物不是友善之举，而是正义之举；不是出于道德主体的“感情利益”（功利主义的效用），而是基于它们具有固有价值；动物不仅具有平等对待、不干预和受尊重的消极权利，也具有受到照顾的积极权利；决不能因为动物无法向人类提出有效的要求，就否定它不具备道德权利。雷根认同在某些特殊情形下，某些生命个体的权利可以被侵犯，这就是无辜者的正当防卫、惩罚罪人等。

---

① ［美］汤姆·雷根：《动物权利研究》，李曦译，北京大学出版社2010年版，第196页。
② ［美］汤姆·雷根：《动物权利研究》，李曦译，北京大学出版社2010年版，第200页。
③ ［美］汤姆·雷根：《动物权利研究》，李曦译，北京大学出版社2010年版，第202页。
④ ［美］汤姆·雷根：《动物权利研究》，李曦译，北京大学出版社2010年版，第235页。

雷根总结指出，动物“具有特定的基本道德权利，尤其包括得到尊重的根本权利，从严格正义的角度看，这项权利是它们作为固有价值的拥有者所应得的”[1]。从权利观点出发，他完全否定畜牧业的正义性，反对把动物当成财产和把动物用于科学实验，强调个体有义务过素食主义生活，谴责体育性的狩猎和商业性的狩猎，指明应当保护野生动物免遭猎人和其他道德主体的侵犯。

（二）自然享有权利

动物具有权利，那么植物和其他生物以及非生物是否也具有权利呢？必须指出，并不是所有生态中心主义者都承认动植物拥有权利，主张生物中心主义的美国环境伦理学家保罗·沃伦·泰勒就力图建构和捍卫一种不依赖权利思想的环境伦理理论。在对法律权利和道德权利进行区分的前提下，他指出：“说动物和植物是法定权利的拥有者，而不说它们拥有道德权利是完全可能的。”[2] 动植物是具有内在价值的实体已经为它们拥有法律权利提供了基础，而动植物具有法律权利的观点表达和体现了在道德上关心它们的尊重态度；只要确定和认可了动植物拥有固有价值这一信念就足以确定人对于它们的各种义务，就能够使人们对它们产生尊重的态度，道德权利能够适用于人际伦理，却完全没有必要把道德权利延伸到动植物身上。[3]

泰勒进一步论证道，之所以说动植物不能被想象为道德权利的持有者，是由于这样四种理由。第一，道德权利的持有者一般被设定为道德代理人共同体的成员，可是动植物既不是道德代理人，也不能把自己所谓的“道德权利”施加于道德代理人。第二，动植物不能把自

---

① ［美］汤姆·雷根：《动物权利研究》，李曦译，北京大学出版社 2010 年版，第 277 页。

② ［美］保罗·沃伦·泰勒：《尊重自然：一种环境伦理学的理论》，雷毅、李小重、高山译，首都师范大学出版社 2010 年版，第 143 页。

③ 参见［美］保罗·沃伦·泰勒《尊重自然：一种环境伦理学的理论》，雷毅、李小重、高山译，首都师范大学出版社 2010 年版，第 143—145 页。

己看成拥有固有价值的实体，也不能把自己想象为有自尊的存在，因而对于它们来说，不论是自己把权利归属于自己还是他人把权利归属于自己，都是没有意义的。第三，“一个实体只有在它有能力做出它所面临的多种选择时，它才能被想象为权利的拥有者。在逻辑上，这种能力把动物和植物作为道德权利的持有者这一观念排除掉了。把道德权利赋予它们在概念上是不连贯的，因为如果它们有权利拥有者所做出选择的能力，它们就将是人而不是动物或植物。”[①] 第四，人类既具有第一等级的权利（诸如生存权、安全权、自由权和自主权等），也具有第二等级的权利（要求他人对侵犯自己权利的行为进行补偿的权利），而动植物没有能力确保自己的第一等级权利不被侵犯，当自己的权利被侵犯时，它们“不能表述自己的不满，不能要求矫正，或在‘平等保护’的条款下要求合法执行自己的权利”[②]。

不过，泰勒认为经过一定的修正，在生物中心主义自然观的信念体系中，可以接受动植物拥有道德权利的理论。他指出，当人把动植物视为具有固有价值的实体时，它们的善就向道德代理人提出了一系列应当受到尊重的要求或规则，这些要求或规则对道德代理人来说确定了具有约束力的多种义务（不伤害义务、不干涉义务、忠诚义务和补偿正义义务），对于动植物这些道德主体来说就是它们施加于道德代理人身上而提出来的道德权利（不伤害权利、不干涉权利、忠诚权利和补偿正义权利）。[③]

在其他自然中心主义者看来，人也具有自然性，是一种自然存在者，不过是自然界长期进化产生的物质形态，而自然界生物都是价值

---

① ［美］保罗·沃伦·泰勒：《尊重自然：一种环境伦理学的理论》，雷毅、李小重、高山译，首都师范大学出版社 2010 年版，第 159 页。

② ［美］保罗·沃伦·泰勒：《尊重自然：一种环境伦理学的理论》，雷毅、李小重、高山译，首都师范大学出版社 2010 年版，第 160 页。

③ 参见［美］保罗·沃伦·泰勒《尊重自然：一种环境伦理学的理论》，雷毅、李小重、高山译，首都师范大学出版社 2010 年版，第 160—162 页。

主体和道德主体，具有自身的内在价值和生存权利，各种生态危机正是人类权利过度膨胀造成的恶果。为此，他们认为必须将道德权利的范围和对象由人与人的关系扩展到人与自然的关系域以至整个自然界。美国哲学家、伦理学家奥尔多·利奥波德就要求将道德上的“权利”概念应当扩大到自然界的实体和过程，并赋予它们永续存在的权利。上述的动物解放论和权利论指出，伤害动物的行为之所以被判定为错误的，正是由于它会给动物带来了不必要的痛苦，抑或是侵犯了动物的权利。

（三）人对动物之类的一切自然事物负有直接道德义务

权利与义务总是相对应的，在凸显自然权利的同时，西方绝大多数生态中心主义者更为强调人对自然、对生态、对动植物具有不可推卸的伦理义务。

罗尔斯顿构建的环境伦理学明确表示要“从价值中推导出义务来”[①]，在自然价值论基础上，他批驳了人类中心主义的“主体道德论”——只承认人对人负有义务的人际道德，主张人也对自然客体具有道德义务（“客体道德论”），从而阐释了较为独特而丰富的自然义务论。他不光指明了人类应当承担对生态系统具有内在价值的动物个体和植物个体（有感觉的生命、有机生命、濒危动物）的义务，更为重要的是对生态系统负有义务：“当人们与某个交织着各种内在价值的生态系统接触时，义务就产生了。”[②]“当人类意识到了自己在这样一个生物圈中的存在、发现他们是这个过程的产物时……就会感到，

① ［美］霍尔姆斯·罗尔斯顿：《环境伦理学——大自然的价值以及人对大自然的义务》，杨通进译，许广明校，中国社会科学出版社2000年版，第2页。

② ［美］霍尔姆斯·罗尔斯顿：《环境伦理学——大自然的价值以及人对大自然的义务》，杨通进译，许广明校，中国社会科学出版社2000年版，第77页。

他们对生物共同体的这种美丽、完整和稳定负有某些义务。”[①] 针对辛格和雷根等伦理学家只承认生态系统个体的权利和利益而否认物种的权益和义务，[②] 罗尔斯顿根据进化论和整体论强调人应该履行对大自然物种或生命共同体的义务。进一步，罗尔斯顿对人类关于动物个体和植物个体的义务、物种的义务和生物共同体的义务的统一性做了阐发：“对个体和物种的义务，与对生态系统的义务并不矛盾，因为，它们其实就是对生态系统的成果和发展趋势（heading）的义务。这些层面的义务虽然是各不相同的，但从深层次上看，它们却是一致的。”[③] 不过，值得注意的是，他常常从否定性角度反复解释说人类没有使大自然的无辜者完全不遭受痛苦的义务。[④]

在一些温和的生态中心主义者看来，尽管人对他人、对社会所负有的义务优先于他对动物所负有的义务，但是人对动物的义务无论是从目的论来说还是从道义论来讲也是一种显见的义务，履行这种义务具有充足的道德理由。譬如，阿尔贝特·史怀泽就认为应当把一切有生命之物都纳入道德义务的范围：“只有体验到对一切生命负有无限责任的伦理才有思想根据。”[⑤] 恰如下述，奥尔多·利奥波德既强调土地伦理土壤、动植物等具有继续生存下去和存在于一种自然状态中的权利，[⑥] 又指出用一种土地伦理观或者某种其他力量使私人土地所

---

① 参见［美］霍尔姆斯·罗尔斯顿《环境伦理学——大自然的价值以及人对大自然的义务》，杨通进译，许广明校，中国社会科学出版社 2000 年版，第 255—256 页。

② 参见［美］霍尔姆斯·罗尔斯顿《环境伦理学——大自然的价值以及人对大自然的义务》，杨通进译，许广明校，中国社会科学出版社 2000 年版，第 199 页。

③ ［美］霍尔姆斯·罗尔斯顿《环境伦理学——大自然的价值以及人对大自然的义务》，杨通进译，许广明校，中国社会科学出版社 2000 年版，第 256 页。

④ 参见［美］霍尔姆斯·罗尔斯顿《环境伦理学——大自然的价值以及人对大自然的义务》，杨通进译，许广明校，中国社会科学出版社 2000 年版，第 79 页。

⑤ ［法］阿尔贝特·史怀泽：《敬畏生命》，［德］汉斯·瓦尔特·贝尔编，陈泽环译，上海社会科学出版社 1992 年版，第 9 页。

⑥ ［美］奥尔多·利奥波德：《沙乡年鉴》，侯文蕙译，商务印书馆 2019 年版，第 226 页。

有者负起更多的义务。[①]

泰勒从环境伦理与人际伦理相区分的维度强调，对自然界野生生物有利或有害的行为与对待同胞的义务无关，要履行环境伦理义务有时需要牺牲人类的某些利益[②]；道德代理人都是道德主体，但并非所有道德代理人都是道德主体，或许除了一些哺乳动物，人之外的生物都不是道德代理人，它们无法正确或错误地去行事，不是能够承担义务责任的存在。[③] 如下所述，泰勒认为各种对待自然生物的行为规则规定了人类有义务去做或不去做某种特定类型的行为，因而它们也可称为义务规则，主要体现了不伤害义务、不干涉义务、忠诚义务和补偿正义义务。不仅如此，他还把规则伦理学、德性伦理学和义务伦理学有机结合起来，提出了“美德义务”的概念。[④] 对于同样激进的倡导动物解放论的辛格和动物权利论的雷根来说，他们更是主张动物与人道德上完全是平等的，人不但不应该奴役、压迫和利用动物，而且有道德义务保护动物免遭痛苦、折磨、死亡。

雷根指出作为正义原则的尊重原则，不仅要求人“不要为了给所有相关者带来可能的最佳结果而伤害某些人”[⑤]，还要求人承担“去帮助他人所犯下之不正义的受害者”[⑥] 的初始义务。他分析道，义务可以分为获得性义务与非获得性义务，前者是指因为我们在制度安排中所处的位置或我们的自愿行为而产生的义务，诸如遵守诺言和尊重契约就是获得性义务；后者是指人天然赋予的义务，也就是罗尔斯所

---

① ［美］奥尔多·利奥波德：《沙乡年鉴》，侯文蕙译，商务印书馆 2019 年版，第 235 页。

② 参见［美］保罗·沃伦·泰勒《尊重自然：一种环境伦理学的理论》，雷毅、李小重、高山译，首都师范大学出版社 2010 年版，第 5 页。

③ 参见［美］保罗·沃伦·泰勒《尊重自然：一种环境伦理学的理论》，雷毅、李小重、高山译，首都师范大学出版社 2010 年版，第 10—11 页。

④ 参见［美］保罗·沃伦·泰勒《尊重自然：一种环境伦理学的理论》，雷毅、李小重、高山译，首都师范大学出版社 2010 年版，第 136 页。

⑤ ［美］汤姆·雷根：《动物权利研究》，李曦译，北京大学出版社 2010 年版，第 210 页。

⑥ ［美］汤姆·雷根：《动物权利研究》，李曦译，北京大学出版社 2010 年版，第 210 页。

讲的自然义务，像正义即是一种重要的非获得性义务。[①] 雷根通过辩护强调，对于道德病人和普通动物来说，由于他们不具备认识、履行自己道德权利的能力，社会更应当承担起帮助、捍卫他们权利的获得性义务与非获得性义务："动物无力确保自己的权利得到尊重这一事实，反而让我帮助它们的义务（如果这项义务有什么不同的话）变得更重，而不是变得更轻。"[②] 狼、羊之类的动物缺乏认知等能力，因此它们对其他动物和人类不负有义务，只有道德主体才负有义务。

雷根对间接义务观与直接义务观做了专门性探讨。通过详细考察加拿大哲学家简·纳维森的当代理性利己主义、约翰·罗尔斯的契约论和康德的义务论伦理学之后，雷根批驳了间接义务论：虽然它们并不否定人对动物应当承担道德义务，但认为这是不同于对道德主体的直接义务的间接义务，动物只是中介，只具有工具性价值，而不具有道德意义；区别对待道德主体、道德病人和动物的间接义务观，违背了平等正义原则，假如说人类行为对道德主体构成了伤害的话，那么对动物构成了同样的伤害，因而对动物不伤害同样是人类必须履行的直接道德义务。据此，雷根评价道："简·纳维森的观点会认可在道德主体之间极不正义的制度安排，在罗尔斯的契约论中，处于原始状态的人武断地被允许知道'化身'之后自己不会成为动物，而康德对人类的尊重依赖于对动物本质的贫乏理解。"[③]

分析完间接义务观的利弊得失之后，雷根也对直接义务观的两种代表性观点进行了阐释。其一是禁止残忍——要求友善的观点。如果说禁止残忍属于消极义务的话，那么要求友善则属于积极义务。既有把自己的快乐建立在他人或动物痛苦基础上的残忍——虐待的残忍，

① 参见［美］汤姆·雷根《动物权利研究》，李曦译，北京大学出版社 2010 年版，第 230—233 页。

② ［美］汤姆·雷根：《动物权利研究》，李曦译，北京大学出版社 2010 年版，第 240 页。

③ ［美］汤姆·雷根：《动物权利研究》，李曦译，北京大学出版社 2010 年版，第 163 页。

也有对自己引起他人或动物痛苦没有任何同情或怜悯的残忍——兽性的残忍；既有不作为的消极残忍，也有故意施暴的积极残忍。在雷根看来，由于勿残忍的道德义务建立在行为者个人的苦乐主观感受心理之上，因而不能为这一直接义务提供令人满意的基础。就友善的积极义务而言，雷根认为友善被用来表达和描述人们的行为或品质，友善的人倾向于为了促进他人的利益而行动，这么做不是为了得到好处（自私），而是出于爱或同情，[①] 但是它只是诉诸于人的善良动机、意图，不是正义，因而友善对待动物也无法成为我们对动物负有直接义务的根据。其二是功利主义。雷根首先探讨了享乐功利主义，然后详细考察了彼得·辛格的偏好功利主义。他指出，不管是享乐功利主义的行为功利主义还是偏好功利主义的行为功利主义，不仅很难有力地说明自己推崇的平等，而且其关注的价值是容器中盛有的价值；它们虽然避免了禁止残忍——要求友善观点混淆“对道德主体价值的考虑和对其行动的道德性的考虑”的错误，但是，“只要给道德病人造成的伤害，会给所有相关者带来善（比如快乐）之于恶（比如痛苦）的最大积聚性平衡，这个伤害就不会受到谴责。在有些情况下，由于不会引发焦虑（比如杀婴和为了食物而屠杀农场动物），这种论证模式还会得到进一步加强”[②]。因而它们不能为勿伤害这一严格的初始直接义务提供恰当基础。雷根着重对动物解放论者辛格的偏好功利主义展开了辨析，指出辛格把受害者的偏好作为不伤害的直接义务的依据面临许多困扰和矛盾，而他也没有为更人道对待动物或素食主义的直接道德责任提供强有力的功利主义根据，反而造成某种矛盾：“食肉者完全可以通过吃更多肉的权宜之计来回避成为素食主义者的

① 参见［美］汤姆·雷根《动物权利研究》，李曦译，北京大学出版社 2010 年版，第 167 页。

② ［美］汤姆·雷根：《动物权利研究》，李曦译，北京大学出版社 2010 年版，第 194 页。

责任。”[①]

最后笔者要强调两点。一点是做到间接义务论和直接义务论兼顾。如下所述的绝大多数人类中心主义者断言人类对自然或生态本身没有伦理义务，少数人类中心主义者尽管承认人类对自然、对生态、对动物负有一定的责任，但认为这也只是出于人类自身利益的考虑，属于一种间接性道德责任。笔者认为，不论是人类中心主义者和非人类中心主义者的间接义务论，抑或是二者揭示的直接义务论，站在各自的角度都言之有理，不是非此即彼的冲突关系；现代应用伦理学理应抛弃传统伦理学把道德义务与伦理责任局限于人类社会的做法，不管是出于人类自身利益的考虑，还是从自然价值、自然利益出发，都应当承认人对包括动物在内的自然万物负有不可推卸的重要责任。

另一点是自然权利与自然义务可以也应当统一。一些学者对生态伦理学的自然权责理论提出了质疑，认为人与人是互为主客体的伦理关系，这种双重角色决定了人既是道德义务的主体又是道德权利的主体，可是生态伦理学只是片面强调人应该对自然尤其是非人类生命体具有道德义务，却忽视了人对自然的道德权利如何实现，特别是它从自然价值推崇其道德权利而忽视了自然的道德义务，使得自然的道德权利与道德义务出现了分离，导致与人类道德权责统一的主张不一致，从而出现了前后逻辑矛盾。笔者曾经立足于人际伦理阐释了道德权利与道德义务的统一性，[②] 这里想强调的是从生态伦理来讲尽管大多数生物与非生物像雷根所说的那样不具备认识、履行自己道德权利的能力，[③] 但是像狼、羊特别是猩猩之类的高等动物也具有某种认知道德权利的能力；与之相应，自然物种群体中尤其是生物、高级动物

---

① ［美］汤姆·雷根：《动物权利研究》，李曦译，北京大学出版社 2010 年版，第 195 页。

② 参见涂可国《社会哲学》，山东人民出版社 2001 年版，第 364—369 页。

③ 参见［美］汤姆·雷根《动物权利研究》，李曦译，北京大学出版社 2010 年版，第 240 页。

拥有感受能力、选择能力、认知能力，也具有这样那样的价值，因而它们可以也应该承担一定的道德义务，例如家狗看门的义务、猎犬的狩猎义务、军犬的侦查义务，只有确立了自然界的道德义务，才能易于使人类履行尊重自然、爱护自然的道德义务。

六　生态中心论

西方现代生态伦理学中的非人类中心主义学派从狭义上说主要指生态中心主义学派，而从广义上说又可细分为生态中心主义学派（敬畏生命伦理学、自然价值伦理学、深层生态学、土地伦理学等）、生物中心主义学派、动物解放主义和权利主义学派，其代表性人物除了前述的阿尔贝特·史怀泽、霍尔姆斯·罗尔斯顿、彼得·辛格和汤姆·雷根外，还有保罗·沃伦·泰勒、阿伦·奈斯、奥尔多·利奥波德等。本节重点阐释保罗·沃伦·泰勒的尊重自然伦理思想、阿伦·奈斯的深层生态学和奥尔多·利奥波德的土地伦理学。

（一）尊重自然伦理思想

泰勒的《尊重自然：一种环境伦理学理论》不仅阐释了前述的生物中心主义的自然价值论和权利义务论，其主要理论建树还体现为以下三方面：一是尊重自然的道德态度；二是以生命为中心的自然观；三是尊重自然的伦理规范原则。

1. 尊重自然的道德态度

泰勒指出，生物实体既拥有自身的善又具有自己的固有价值，由此决定了人应当具有尊重自然的道德态度和遵循使之不受到损害或干扰的具体道德要求。他把尊重自然的道德态度称为一种道德代理人的意向，并将之分为四种维度：评价维度——做出某种自在价值判断或自为价值判断的意向、意动维度——具有某种目的或想要达到某种目标的意向、实际维度——因某些理由而行动以及把这些理由视为正当行动理由的意向和情感维度——具有某些情感的意向。[①] 根据这四种维度，泰勒进一步对真正尊重自然的态度做出了三重规定。第一是行动上，只有当人们基于道德的动机、出于对拥有天赋价值的野生生物的善的考虑和关怀行动或不行动时，才真正表现出了非人类中心主义的对自然的尊重；只有人认识到出自维持和保护生物善的愿望的行动是道德必需的，而且知道即使没有这种愿望这些行动也是道德所要求做的，才真正具有了尊重自然的态度。[②] 第二是品质上，只有当一个道德代理人依赖美德通过清醒的认识、合理的思考和审慎的推理做出如何对待自然的判断，或用自己的意志抑制一己私利而去对待自然，才是真正尊重自然的态度。[③] 第三是规则上，一个人对待自然的行为如果符合某一套规则所制定的要求，那么就可以说他的行为体现了真正尊重自然的态度。[④] 最后泰勒指出，作为对待自然的根本道德态度，尊重自然是一种终极性态度，它既高于热爱自然的态度，也超越了有关自然的求知的态度、审美的态度和享受的态度等。

2. 以生命为中心的自然观

为了给尊重自然的态度奠定更为扎实的根基，泰勒阐发了生物中心主义的世界观（自然观）。他认为这一自然观可以为尊重自然的态度提供一套易于理解、可以接受的信念系统，能够“为人们理解和采

---

① 参见［美］保罗·沃伦·泰勒《尊重自然：一种环境伦理学的理论》，雷毅、李小重、高山译，首都师范大学出版社 2010 年版，第 52 页。

② 参见［美］保罗·沃伦·泰勒《尊重自然：一种环境伦理学的理论》，雷毅、李小重、高山译，首都师范大学出版社 2010 年版，第 52—53 页。

③ 参见［美］保罗·沃伦·泰勒《尊重自然：一种环境伦理学的理论》，雷毅、李小重、高山译，首都师范大学出版社 2010 年版，第 53—54 页。

④ 参见［美］保罗·沃伦·泰勒《尊重自然：一种环境伦理学的理论》，雷毅、李小重、高山译，首都师范大学出版社 2010 年版，第 55 页。

取尊重自然的态度提供了可说明的、合理的背景”①。这一生物中心主义的自然观信念系统包括如下四方面的要点。

其一，人不过是地球生命共同体的一员。泰勒指出虽然不同物种之间存在某种差异，但从根本上说人类与地球生物圈中的其他物种共属于一个共同体，仅仅为生命共同体的一个成员。理由主要有五点：我们和宇宙生命共同体的其他成员一样，为了自己的生存和福利都必须面对某些生物学的和物质的需求；它们和我们一样拥有自己的善，这种善的实现取决于并非总是由我们或它们所控制的不确定性；尽管自由意志、自主性、社会自由只适用于人类，但还有一种意义上的自由（不受约束）同等地适用于它们和我们，而且这种自由在无论是人类还是非人类的所有生物中力争实现善的过程中都是重要的；作为一个物种，人类只是最近才来到这个星球上，相对于早在我们出现之前就已经存在了数亿年的生命系列来说，我们是其中的新成员；没有地球生物人类无法生存，而没有人类生命照样生存。②

其二，自然界是一个相互依赖的有机系统。泰勒认为从生物中心观点来看整个自然领域就会发现它是由相互联系的事物和事件构成的系列，物种群体之间以及群体与自然环境之间的相互作用组成了一张紧密交织的网。③ 他从系统论角度阐释了独特的生命共同体理念：整个生命世界是由相互依赖关系组成的巨大综合体，地球生物圈中的各种生态系统是相互依存的，一个系统如果被改变或破坏，就会迫使其他系统做出相应的调整；任何生态系统中的特定生命共同体都不可能孤立存在，它总是直接或间接地与其他生命共同体保持联系；人类只

---

① ［美］保罗·沃伦·泰勒：《尊重自然：一种环境伦理学的理论》，雷毅、李小重、高山译，首都师范大学出版社 2010 年版，第 62 页。

② 参见［美］保罗·沃伦·泰勒《尊重自然：一种环境伦理学的理论》，雷毅、李小重、高山译，首都师范大学出版社 2010 年版，第 64 页。

③ 参见［美］保罗·沃伦·泰勒《尊重自然：一种环境伦理学的理论》，雷毅、李小重、高山译，首都师范大学出版社 2010 年版，第 73 页。

是自然体系中的一个组成部分，人类生活的好坏取决于能否与生命之网保持良好联系，只有扮演好在生命之网中的角色、确立好在自然系统中的位置（“生态位”），自然系统才能为人类实现生命的首要的善及其他善提供必要的条件。①

其三，个体生命是生命目的论的中心。泰勒的生物中心主义总体上属于生物个体中心主义，他认为之所以可以断定生物个体是生命目的论的中心，是由于它们的“外部活动和内部功能都是有目的的，随着时间的推移不断地努力使自己活下去，并使自己能够成功地发挥生物功能，以此繁殖后代和适应不断变化的环境事件和环境条件”②。泰勒解释说，生物个体中心观点并不意味着要将每个生物个体“人格化”，即便许多生物缺乏思想感情，但由于它们拥有自身的善、具有独特性和个体性，它们的有目的的活动依然构成了协调统一的有序系统。在《尊重自然：一种环境伦理学的理论》一书中，泰勒强力主张个体中心论，反对环境伦理学中的整体论。在他看来，整体论或有机论把是否促进地球生物圈超级有机体的福利或生物共同体的稳定、完整和平衡视为行为正确与否的原则，并没有考虑到个体的善；实际上，生物共同体并非拥有自身善的实体，它无法解释道德代理人为何有责任去保护它的善：“如果我们没有把使它们受益当作它们本身要实现的目的，那么，我们就没有任何非人类中心的理由去维持整个系统的秩序。”③ 不过，泰勒后来对自己的非人类中心主义环境伦理中的个体主义观点做了一定的改变，承认像物种、生态系统、生态系统中的生命共同体之类的整体实体也具有自己的善、福利和固有价值，

① 参见［美］保罗·沃伦·泰勒《尊重自然：一种环境伦理学的理论》，雷毅、李小重、高山译，首都师范大学出版社2010年版，第73—74页。

② ［美］保罗·沃伦·泰勒：《尊重自然：一种环境伦理学的理论》，雷毅、李小重、高山译，首都师范大学出版社2010年版，第76页。

③ ［美］保罗·沃伦·泰勒：《尊重自然：一种环境伦理学的理论》，雷毅、李小重、高山译，首都师范大学出版社2010年版，第75页。

因而也应该受到尊重。[①]

其四，人并非天生就比其他生物优越。泰勒坚持生物平等主义，认为自然界的所有物种都是平等的。他指出西方文明中的大多数人具有这样根深蒂固的信念，即认为人类具有理性和自由意志，因而高于其他动植物。其实，人类并不比其他生物优越。首先，从能力上说，许多动物具有人类所不具备的能力，如果站在动植物善的角度加以评价，那么它们的能力彰显的价值一点不比人的能力的价值差。其次，从品质来说，人类具有的优秀品质和动植物具有的优秀品质各有适用的范围，并没有高低之分。再次，从道德上来说，人类是道德代理人，而动植物则不是，这两者之间无法按照同一道德标准进行比较，故此说人的道德优越于动植物根本不成立。最后，从价值上说，和人类一样，动植物也拥有固有价值："我们与其他生命形式，甚至与那些有可能伤害我们的生命形式的真正关系是所有存在物都具有同等的固有价值，而不是一种优越的、更高级的存在物与劣等的、较低级存在物之间的关系。于是，我们就再也不能理所当然地看不起动植物，或认为人类个体就自然地享有比动植物更大的生存权利。"[②] 通过对人类优越性的否定，泰勒从物种平等角度强调，每种物种都是具有自身价值、拥有自身善的实体，都应该受到道德代理人的同等关怀和考虑，都应该得到人的尊重："既然所有实体都被视为具有相同的固有价值，那么，尊重的道德态度就应该同等地用于对待每个实体。"[③]

3. 尊重自然的伦理规范原则

假如说尊重自然的终极性态度和生物中心主义的自然观构成了泰

---

① 参见［美］保罗·沃伦·泰勒《尊重自然：一种环境伦理学的理论》，雷毅、李小重、高山译，首都师范大学出版社 2010 年版，第 2—3 页。

② ［美］保罗·沃伦·泰勒：《尊重自然：一种环境伦理学的理论》，雷毅、李小重、高山译，首都师范大学出版社 2010 年版，第 84 页。

③ ［美］保罗·沃伦·泰勒：《尊重自然：一种环境伦理学的理论》，雷毅、李小重、高山译，首都师范大学出版社 2010 年版，第 100 页。

勒环境伦理体系的两大部分的话，那么他为了使二者具有可操作性，阐述了其中的第三大部分，这就是用来指导道德代理人的标准和规则体系。一方面，泰勒讨论了行为的规则以及为它们排序的优先原则。他认为有待阐明的规则规定了我们有义务去做或不去做某种特定类型的行为，因此这些规则也可称为义务规则，它主要包括不伤害规则、不干涉规则、忠诚规则和补偿正义规则。相对而言，前两种属于消极义务规则，后两种属于积极义务规则。泰勒指出当两种或两种以上的尊重自然的义务规则都适用的情况下，就会出现冲突的问题，需要道德代理人根据优先性原则做出选择。为此，他提出了两条优先性原则：一是不伤害规则居于首位。二是在其他三条规则发生冲突时，一般适用的优先原则是：当被允许的干涉能够带来更大的善，且又不会给任何生物造成永久伤害的时候，忠诚规则和补偿正义规则优先于不干涉的规则；当打破某一生物对我们的信任能够带来更大的善且不会给它造成严重伤害的时候，补偿正义规则优先于忠诚规则。① 义务冲突不仅发生在环境伦理规则内部，也发生在环境伦理规则与人际伦理规则所规定的义务之间。为了解决由此产生的矛盾，使得“在这个秩序良好的道德领域中，对野生生物的尊重和对人的尊重都将给予一定的位置”②，泰勒提出了五条化解环境伦理与人际伦理义务冲突的公正伦理原则，即自卫原则、均衡原则、最小错误原则、分配正义原则和补偿正义原则。

另一方面，泰勒把规则伦理学与德性伦理学结合起来，阐发了与四条环境伦理规则相对应的环境伦理美德。他根据审慎思考和实践的两种良好品质的思想，指出就环境伦理而言，当人们形成了坚定、稳

---

① 参见［美］保罗·沃伦·泰勒《尊重自然：一种环境伦理学的理论》，雷毅、李小重、高山译，首都师范大学出版社 2010 年版，第 126 页。

② ［美］保罗·沃伦·泰勒：《尊重自然：一种环境伦理学的理论》，雷毅、李小重、高山译，首都师范大学出版社 2010 年版，第 164 页。

定、永久的意向，使他们在思考和行动时能够与四种义务规则（不伤害、不干涉、忠诚和补偿正义）保持一致的时候，尊重自然的态度就在他们的品质中得到了体现。[①] 泰勒认为尊重自然的伦理体系主要由行为规则和品质标准构成，而这又分为两大部分：一部分是总体规则体系和一般美德，一般美德主要包括道德力量（良知、正直、耐心、勇气、节制或自我控制、无私、毅力、忠实于义务等）和道德关怀（仁慈、怜悯、同情、关怀）两方面；另一部分是特殊规则和特殊道德，与不伤害原则相对应的是关照美德、与不干涉原则相对应的是敬重和公正美德、与忠诚原则相对应的是诚信美德、与补偿正义原则相对应的是公平平等美德。富有创见的是，泰勒提出了"美德义务"的概念。他认为美德之所以是一种道德义务——发展和培养良好品质，不仅因为这些美德是正确的行为所需要的，也是因为它们本身就是义务。[②]

（二）深层生态学

挪威伦理学家阿伦·奈斯开创的深层生态学吸收了非人类中心主义、格式塔心理学、现象学、现代生态学、格式塔心理学等思想方法，扬弃了浅层生态学的人类中心主义的不彻底性，而将生物圈平等主义与生物平等主义进一步扩展为生态整体主义，充分阐发了自我实现论。阿伦·奈斯把"自我"理解为与大自然融为一体的"大我"（Self，以大写字母开头），而不是狭隘的"自我"（self，以小写字母开头）或本我。他认为自我实现的过程是自我不断扩展认同对象范围的过程，基于情感共鸣的"认同的范式"，人类就会认识到自我不是与大自然分离

---

① 参见［美］保罗·沃伦·泰勒《尊重自然：一种环境伦理学的理论》，雷毅、李小重、高山译，首都师范大学出版社 2010 年版，第 127 页。

② 参见［美］保罗·沃伦·泰勒《尊重自然：一种环境伦理学的理论》，雷毅、李小重、高山译，首都师范大学出版社 2010 年版，第 136 页。

的、原子式的个体，而只是更大的整体的一部分，由此克服自我与其他存在物的疏离感。

奈斯立足于整体主义的本体论、世界观、自然观，反对把人与自然分离开来的二元论、机械自然观和人类中心价值观，把世界看作一个由有机体和无机体不同要素所构成的有机系统，为人类理解人与自然直接关系提供了新的哲学范式，并建构了由生态智慧、自我实现、实践纲领、实践主张和绿色政治思想所组成的深层生态学体系。它批判性地吸收了生物圈平等主义与生物平等主义的合理成分，创造性地发展出生态整体主义与自我实现论。奈斯深层生态思想旨在通过加强生态教育、个人亲近自然的直接行动、绿色社会与政治领域的行动和简朴的生活方式，为人类环境保护污染行动创造思想智慧。

（三）土地伦理学

奥尔多·利奥波德 1949 年完整创立了“土地伦理学”。作为生态伦理学的一个重要派别，土地伦理学的主要观点和理论构想表现在以下三个方面。

1. 改变伦理结构

利奥波德指出在三千年的演化过程中，人类的伦理结构和伦理标准不断发生着改变；这种演变既可以用生态学的术语加以描述，也可以用哲学词汇加以描述；人类最初的伦理观念是处理人与人之间关系的，后来扩展到处理人与社会之间的关系，而缺乏处理人与土地以及土地上的动植物之间关系的伦理观：土地只是作为一种财富，“人和土地之间的关系仍然是以经济为基础的，人们只需要特权，而无须尽任何义务”[①]。伦理向以土地为核心的人类环境领域延伸，具有进化上的可能性和生态上的必要性。利奥波德认为人类需要把道德上的权

① ［美］奥尔多·利奥波德：《沙乡年鉴》，侯文蕙译，商务印书馆 2019 年版，第 225 页。

利概念扩大到由土地承载的共同体上：土地伦理虽然不能阻止人类对土壤、动植物等资源的宰割、管理和利用，“但它却宣布了它们要继续生存下去的权利，以及至少在某些方面，它们要继续存在于一种自然状态中的权利”①。

2. 建构土地共同体

首先必须说明的是，无论是翻译为大地伦理学，还是翻译为土地伦理学，作为“生态伦理学之父”，利奥波德所讲的“大地”或“土地”不仅仅单纯指其本身，还包括由它们承载的土壤、水、植物和动物等各种各样的自然事物。

利奥波德阐发的土地伦理学的基本伦理构想和主要宗旨是创建道德共同体的思想范式。他指出传统伦理构想的一个基本前提是把个人视为一个由相互影响的部分所组成的共同体的成员，出于本能他参与相互竞争与合作。在他看来，应当扩大伦理覆盖的范围，发展出土地伦理，建构新的共同体概念，这就是扩大伦理共同体的界限，使“它包括土壤、水、植物和动物，或者把它们概括起来：大地”②。

利奥波德借鉴了西方社会角色理论来进一步阐发这一共同体概念。他指出：

> 土地伦理是要把人类在共同体中以征服者的面目出现的角色，变成这个共同体中的平等的一员和公民。它暗含着对每个成员的尊敬，也包括对这个共同体本身的尊敬。③

土地伦理之所以强调要转变人类的角色身份，利奥波德认为是由于征服者总是以共同体的权威自居，最终必定会因为自己的无知而招

---

① ［美］奥尔多·利奥波德：《沙乡年鉴》，侯文蕙译，商务印书馆 2019 年版，第 226 页。

② ［美］奥尔多·利奥波德：《沙乡年鉴》，侯文蕙译，商务印书馆 2019 年版，第 225 页。

③ ［美］奥尔多·利奥波德：《沙乡年鉴》，侯文蕙译，商务印书馆 2019 年版，第 226 页。

致自身的失败。他论证道，历史的生态学证实，人只是生物家族中的一员，许多重大历史事件是人类与土地之间相互作用的产物；食肉动物也是这个共同体的一员，任何相关者都没有权利去为了自身利益去灭绝它们；一个孤立的以经济的个人利益为基础的资源保护主义体系是绝对片面的，应当"用一种土地伦理观或者某种其他力量，使私人土地所有者负起更多的义务"[①]；一种用于补救和指导对土地关系的伦理观，需要智力上把土地想象为金字塔式的结构，并且致力于确立对土地健康的个人责任。

利奥波德曾经概括性地指出："只有当人们在一个土壤、水、植物和动物都同为一员的共同体中，承担起一个公民角色的时候，保护主义才成为可能；在这个共同体中，每个成员都相互依赖，每个成员都有资格占据阳光下的一个位置。"[②]

3. 培养土地伦理学的情感基础：热爱和尊敬

热爱和尊敬之类的道德情感是利奥波德土地伦理学的重要基础。他明确指出："我不能想象，在没有对土地的热爱、尊敬和赞美，以及高度认识它的价值的情况下，能有一种对土地的伦理关系。"[③] 他还讲："当一个事物有助于保护生物共同体的和谐、稳定和美丽的时候，它就是正确的，当它走向反面时，就是错误的。……土地伦理的进化是一个意识的，同时也是一个感情发展过程。"[④] 对于利奥波德来说，也许正是由于生物共同体呈现出和谐、稳定和美丽，才能够使人对之产生热爱和尊敬之情。

---

① ［美］奥尔多·利奥波德：《沙乡年鉴》，侯文蕙译，商务印书馆 2019 年版，第 235 页。
② ［美］奥尔多·利奥波德：《沙乡年鉴》，侯文蕙译，商务印书馆 2019 年版，第 250 页。
③ ［美］奥尔多·利奥波德：《沙乡年鉴》，侯文蕙译，商务印书馆 2019 年版，第 245 页。
④ ［美］奥尔多·利奥波德：《沙乡年鉴》，侯文蕙译，商务印书馆 2019 年版，第 246—247 页。

七 人类中心论

19 世纪末期之前，人类关于人与自然、人与环境之间关系的思想绝大多数奉行的是人类中心主义生态伦理观，倡导的道德规范主要用于调节人与人之间、人与社会之间的行为。古希腊哲学家普罗泰戈拉的名言“人是万物的尺度”，亚里士多德所说的“植物的存在就是为了动物的降生，其他一些动物也是为了人类而生存”，《圣经》宣扬的“宇宙是上帝为了人类而创造的，宇宙的万事万物都是根据人类来安排和解释的，人类不仅利用万事万物，而且主宰和统治万事万物”，无不体现了一种人类中心主义。

迄今为止，围绕人类中心主义生态伦理观，西方形成的主要流派和观点是：传统的人类中心主义、墨迪的“现代人类中心主义”、帕斯莫尔和麦克洛斯基的“开明的人类中心主义”、诺顿的“弱式人类中心主义”和什科连科的“现代社会实践的人类中心主义”等。人类中心主义生态伦理观的主要代表及其著作有：帕斯莫尔的《人类对自然应负的职责》、墨迪的《一种现代的人类中心主义》、麦克洛斯基的《生态伦理学和政治》、诺顿的《环境伦理学与弱式人类中心主义》和《为什么要保护自然界的变动：生态学宇航学》等。国内学者有的把人类中心主义生态观分为强势人类中心主义生态观和弱势人类中心主义生态观。汪信砚主张否定个体本位人类中心主义和群体本位人类中心主义，而倡导类本位人类中心主义。[①] 王凤才认为要克服当代生态危机、建设生态文明，既要放弃非人类中心主义，也要走出

① 参见汪信砚《生态文明建设的价值论审思》，《武汉大学学报》（哲学社会科学版）2020 年第 3 期；汪信砚《新冠疫情背景下生态文明建设若干问题再思考——对王凤才、张云飞、王雨辰教授等人文章的回应》，《东岳论丛》2020 年第 8 期。

个体本位和群体本位的人类中心主义，但并非回到类本位的人类中心主义；只有立足于生态协调论，放弃征服论自然观，转向和谐论自然观，才能真正建成生态文明。[①]

笔者认为不管是类本位人类中心主义还是个体本位人类中心主义和群体本位人类中心主义，只要前面加上“本位”，并与“中心主义”相联结，就会带有极端化的意味，就可能导致人类与自然的对抗，就会衍生生态危机，因而都应该加以摒弃；与其说类本位人类中心主义，不如说整体人类中心主义更好，如果把个体本位人类中心主义和群体本位人类中心主义分别换成个体人类中心主义和群体人类中心主义，并加以限定和合理诠释，克服其中的极端利己主义、个人主义、享乐主义、拜金主义等杂质，那么个体人类中心主义、群体人类中心主义和整体人类中心主义则都具有合理性，都是可以接受的，也都有助于推动生态文明建设——只是不是强势的人类中心主义，而是弱势人类中心主义。下面就人类中心主义生态伦理观的主要理论构想进行阐释。

（一）生态危机并非全由人类不当行为引起

虽然生态环境危机绝大多数根源于人类自身，根源于强势人类中心主义对大自然的破坏、对自然资源的疯狂掠夺。然而客观事实表明，并非所有的生态失衡、环境失控等问题都是由体现人类中心主义价值观的生产生活活动所导致的。实际上，产生生态环境危机的原因是复杂多样的。自然界本身也存在失衡、失控问题，许多生态灾难是由自然原因造成的，因而不应让人类承担责任。即便是强调人对一切

① 参见王凤才《生态文明：人类文明 4.0，而非“工业文明的生态化”》，《东岳论丛》2020 年第 8 期。

生命负有无限责任的生命中心主义者史怀泽，也不得不承认“自然不懂得敬畏生命。它以最有意义的方式产生着无数生命，又以最无意义的方式毁灭着它们。包括人类在内的一切生命等级，都对生命有着可怕的无知。他们只有生命意志，但不能体验发生在其他生命中的一切；他们痛苦，但不能共同痛苦。自然抚育的生命意志陷于难以理解的自我分裂之中。生命以其他生命为代价才得以生存下来。自然让生命去干最可怕的残忍事情”①。他还举例说明达尔文揭示的动物界存在的弱肉强食、优胜劣汰规律。对人类中心主义生态伦理观来说，正是生命界自身的残忍的、盲目的利己主义才导致了某些动物灭绝等生命灾难，人类行为固然也是生命痛苦、死亡的原因，但同时正是人类的训养、保护使得许多动物（如马）才不会因为自然选择而导致灭绝。可见，人类也只有人类，才是保护生命、敬畏生命、爱惜生命的真正自觉主体。

（二）伦理义务主要限于人类社会范围

人类可以提出解决生态环境问题的行为准则，但那不是伦理道德管辖的范围，任何伦理都属于人间社会伦理。基于此，绝大多数人类中心主义者认为人对自然或生态本身没有伦理义务，只有少数人类中心主义者出于自然或生态是人与人关系的媒介的考虑而认同人对其应承担间接道德责任。以澳大利亚哲学家 J. 帕斯莫尔和 H. J. 麦克洛斯基等人为代表的“开明的人类中心主义”指出，即使人类对环境和生态的破坏负有一定的道德责任，也主要源于对人类生存和社会发展以及子孙后代利益的关心，非人类自然（尤其是动物）无所谓“公共利益”，它们之间没有即使有也无法辨识相互权利和相互义务；人类

① ［法］阿尔贝特·史怀泽：《敬畏生命》，［德］汉斯·瓦尔特·贝尔编，陈泽环译，上海社会科学院出版社 1992 年版，第 19 页。

具有道德理性自律能力，而非人类自然则缺乏道德理性自律能力，非人类自然对人的行为是非道德的，人类对非人类自然的行为也是非道德的，断言人类对自然环境的破坏负有道德责任，实质上是指对人类自己的生存和发展以及对子孙后代负有道德责任；人类是自然的管理者、主导者，是积极主动一方，而自然则是消极被动一方，要解决人与自然矛盾引发的生态危机必须紧密依靠人类，积极推动人担负起自然管理者的责任。

（三）现代人类中心主义生态伦理观超越了一切传统人类中心主义生态观

以墨迪为代表的现代人类中心主义生态伦理观，既批判性地继承吸收了传统人类中心主义生态伦理观和非人类中心主义生态伦理观的“合理内核”，又具有深厚的哲学根基和时代内涵，它能够指导人类既注重正确处理人与自然、人与人之间的对立统一关系，推动人与自然共生共荣，同时又致力于关心、维护人类的利益、需要、权利，促进人类实现可持续发展。一方面，人类是自然进化过程中涌现出来的优势类型序列中最后的一个优势类型，它既是一个等级系统，又是一个超个体的等级系统的组成部分；虽然从生态角度说人类的生存依赖于地球生态系统的生命支持系统，但是从社会角度说人类不仅是自然基因的产物，也是文化进化的产物。另一方面，人类具有特殊的文化、知识积累和创造能力，完全有能力维护自然生态平衡，也能够意识到自身行为选择的自由被自然界整体动态结构的生态极限所束缚，因而总体来说一定会让自己的行为保持在自然系统价值的限度内。

（四）自然物需要依赖人类才能生成更大的价值

和非人类中心主义一样，现代人类中心主义生态伦理哲学有的也承认自然之物具有自身的内在价值，然而它认为这种价值的实现有时需要借助于人类，需要人工系统对其加以转化，如此才能够产生更大的能量；而且人类会按照自然物有益于人的特性赋予它们以工具性价值，并能够对自然界所有事物做出价值评价。在J. 帕斯莫尔和H. J. 麦克洛斯基等人看来，人类保护自然的最终目的也是为了保护自己，这是因为良好的自然环境是人类生存和发展的基础，自然生态平衡与人类的利益是同一的，在自然生态背后蕴含着人类的利益。质言之，人类的整体利益和长远利益才是人们保护自然生态的真正的出发点和归宿点。

（五）儒家人类中心主义具有历史合理性

对于中国传统儒学是否具有人类中心主义的特质，学术界一度展开过激烈的争辩，至今仍未达成一致。有的否认儒学在处理天人关系问题上是一种人类中心主义，认为它只是在肯定“天人合一”的前提下主张“天人分立”。有的人则认为儒学存在人类中心主义的思想特质，这又分为两派。一是为儒学人类中心主义做辩护，认为它高扬了一种把人从神道和兽道中超拔出来的人文主义精神，展现了人的能动性、创造性、自觉性等主体精神，是值得倡导和弘扬的。二是对儒学人类中心主义进行责难，认为它是导致生态失衡、天人失调、环境破坏等问题的文化根源。

笔者认为，应从事实和价值两个层面去把握儒学同人类中心主义之间的关系。从事实上说，儒学提出的“人最为天下贵”“亲亲而仁民，仁民而爱物”等思想观念，表明它是一种人类中心主义，只不过是弱式的、温和的，也是辩证的，而不是旨在征服自然、宰制万物的强式人类中心主义。从价值上说，儒家“人最为天下贵”观念，不仅符合迄今为止人是世界上最有灵性的动物这一经验事实，也有助于提升人的自信心、自豪感和责任感。至于“仁民爱物”，它既符合人类“施由亲始”、推己及人及物的情感发生逻辑，由近及远的推恩和泛爱是人天理良心的自然呈现，反映了人性的真实拓展状态，同时它也有助于确立人对宇宙万物的伦理义务，培养人施爱天地的仁者情怀；即便“仁民爱物”会引发个人随着道德对象的逐步扩展关怀程度会降低，但站在群体乃至全人类角度社会会把爱物摆到合理位置；何况，儒家提出的“民胞物与”“取予有度”“开源节流”等生态伦理会矫正弱式人类中心主义带来的流弊。

综上所述，在笔者看来，科学的生态伦理理应倡导以 B. G. 诺顿为代表的弱式人类中心主义（或相对人类中心主义）。它既承认人对自然具有不可剥夺的道德权利，又主张人应给予自然以更多的道德关照、关心、关怀和关爱；面对环境破坏、资源滥用，面对人类和自然生物的痛苦、死亡状况，需要建立一种体现人类中心主义价值论的环境伦理学；它肯定人与自然之间构成伦理价值关系，承认人对自然应履行道德责任。强式人类中心主义生态伦理仅仅从个人的感性偏好、感性意愿出发，否认理性对人处理生态环境问题的指导作用，势必滑向主宰自然、征服自然的人类沙文主义；与之不同，弱式人类中心主义生态伦理凸显人的理性在处理人与自然之间关系的审视、评价和调节作用，注重公正合理分配和利用环境资源。

第三章

生态伦理的地位作用

毋庸置疑，生态伦理、生态道德，不仅明确指明了人必须爱护自然、珍惜生命、保护生态、优化环境，还揭示了自然本身的价值、规律、目的和特点，为人类可节制地、合理地开发自然、改造自然、尊重自然提供理论指导和行动方针，而环境道德是促进天人关系和谐发展的重要道德形态。生态伦理具有较为广泛而重要的地位和作用，主要体现为完善社会道德结构体系、建构新的伦理学体系、促进当代中国哲学发展、调节人的社会行为、维持生态环境平衡和助力经济社会发展。

一　完善社会道德结构体系

生态伦理话语的建构，至少从两方面可以完善社会道德伦理结构。

（一）一般性地完善世界伦理框架

中西方传统伦理学一般把道德界定为用以调节人与人、人与群体、人与社会之间利益关系的优良品德和行为规范，它所阐发和倡导的伦理形态属于人际伦理；虽然以往中西方伦理思想无不涉及天人关系或者说人与自然之间的关系，但也只是把它当成人伦关系的中介，而未能自觉地上升到独立的伦理关系。

20 世纪初，史怀泽从个人的生活生命历程中体验到“过去的伦理学则是不完整的，因为它认为伦理只涉及人对人的行为。实际上，伦理与人对所有存在于他的范围之内的生命的行为有关。只有当人认为所有生命，包括人的生命和一切生物的生命都是神圣的时候，他才是伦理的”①。可见，史怀泽提出了区别于人际伦理的生命伦理样态。作为激进非人类中心主义的生物伦理学家，泰勒不但明确提出了人际伦理和环境伦理两类范式，甚至大胆地把人际伦理推扩到极为广泛的天际范围：“如果某些非人类的生命也是人（无论是它们生活在我们的星球上，还是宇宙中的其他地方），如果它们具有道德代理人的能力，同用于我们人类一样，我所称之的‘人际伦理’也适用于它们。”② 同时泰勒还证明了建立在尊重人的基础之上的人际伦理与建立在尊重自然基础之上、以生命为中心的环境伦理之间存在着一种结构对称性和同构性——共有信念系统、终极尊重道德态度和一套道德规则标准。

如果说西方生态伦理学所阐发的，由共同体、自然价值、自然权利、自然义务、尊重态度、生物与物种平等、敬爱生命等丰富内容构成的生态伦理话语体系，极大地改变了国际伦理学界过去只关注人际伦理而忽视以至否定种际伦理、环境伦理的局面的话，那么当代中国学者借助于消化吸收西方生态伦理学精粹建构的中国特色生态伦理观念同样为世界伦理结构的转换与完善做出了自身的贡献。从 20 世纪 90 年代起，中国一大批有识之士通过继承、批判、借鉴、融合、创

---

① ［法］阿尔贝特·史怀泽：《敬畏生命》，［德］汉斯·瓦尔特·贝尔编，陈泽环译，上海社会科学院出版社 1992 年版，第 9 页。

② ［美］保罗·沃伦·泰勒：《尊重自然：一种环境伦理学的理论》，雷毅、李小重、高山译，首都师范大学出版社 2010 年版，第 22 页。

新等方式推出了众多生态伦理和环境伦理方面令世人瞩目的精品力作[①]，不仅使生态伦理话语日益深入中国人的人心，而且融入世界生态伦理、环境伦理的滚滚洪流之中，为国际上创建人际伦理与生境伦理并驾齐驱的良好格局，提供了有深度、有广度的中国生态伦理智慧。李培超阐释了“强势伦理”与“弱势伦理”的二元伦理论，认为几千年的伦理传统演绎的是人伦之理，倡导的道德是为人之道或为人之德，一切道德关怀和道德理想都是基于对人的思考；而生态伦理学力图撤离这一伦理传统的边界，把伦理道德扩展到自然界所有事物身上；虽然目前人际伦理仍处于强势地位而生态伦理处于弱势地位，彼此之间也缺乏有效的融合，但总有一天生态伦理带来的“伦理革命”一定会获得强大的内在动力。[②] 雷毅融环境伦理与生态伦理于一体，从伦理启蒙角度论述了伦理关系的进化历程，指出把道德对象的范围从人类社会扩展到非人类的自然界是一场深刻的伦理学革命，人与自然之间的伦理关系不仅是可能的也是必然的，作为一种人道的、人性化的伦理，生态伦理或环境伦理“能够说明我们文化的价值，指出人际关系的对错”，从而构设了不同于历史上人与社会的伦理关系的人与自然的新兴伦理关系范式。[③]

（二）优化当代中国社会道德结构

立足于社会道德结构、道德类型观察，我们发现改革开放以来早期只是提社会公德、职业道德和家庭美德，后来增加了个人品德，由

---

① 参见刘湘容《生态伦理学》，湖南师范大学出版社 1992 年版；叶平《生态伦理学》，东北林业大学出版社 1994 年版；余谋昌《惩罚中的醒悟：走向生态伦理学》，广东教育出版社 1995 年版；陈敏豪《生态——文化和文明的前景》，武汉出版社 1995 年版；雷毅《生态伦理学》，陕西人民教育出版社 2000 年版；李培超《自然的伦理尊严》，江西人民出版社 2001 年版；王子彦主编《环境伦理的理论与实践》，人民出版社出版 2007 年版；曾建平《环境公正：中国视角》，社会科学文献出版社 2013 年版等。

② 参见李培超《自然的伦理尊严》，江西人民出版社 2001 年版，第 120—123 页。

③ 参见雷毅《生态伦理学》，陕西人民教育出版社 2000 年版，第 38—40 页。

此形成了"四德"建设的完整体系。到了 2019 年 10 月，中共中央、国务院印发了《新时代公民道德建设实施纲要》，鲜明地提出了要加强生态道德建设。稍有遗憾的是，它尚未提出环境道德建设——也许如同第一章分析的那样某种意义上生态道德相当于环境道德。

笔者认为，在全社会大力倡导生态道德和环境道德、生态伦理和环境伦理，不仅有利于推动新时代中国道德水平的提高，也会使中国的整个道德结构更加合理完善。

从我们倡导的"四德"体系来说，相比而言，个人道德和社会公德能够指导和调节人与自然、人与环境之间的关系，但终归不是直接针对天人关系来讲的。与之不同，生态伦理和环境道德不但阐明了人在公共场合如何对待自然环境的态度、原则、规范，而且确定了人在私人场合如何处理人与自然之间关系的行为导向。所以，唯有把生态伦理或环境道德纳入中国整个社会道德体系之中，才能全面调节人与自然、与他人、与社会之间的错综复杂关系，实现人与环境的和谐发展。

从总体上说，迄今为止中国社会伦理仍然存在某种结构性缺陷：人与自然构成的伦理关系的观念没有得到人们的普遍认同，自然权利说与自然义务说许多人表示存疑——至今围绕生态环境伦理学的对象是人与自然的关系还是义务国内尚未达成一致；生态文明建设和美丽中国建设尽管取得了阶段性成果，但尚没有从目的理性视域侧重于从生态伦理、生态道德视角加以理解和重视，而主要从经济利益、个体利益的工具理性角度给予关心；绝大多数人偏重于把道德看成处理人际关系的品质和规范，生态道德刚刚上升到国家战略层面而没有深入人心，体现人与自然伦理关系的生态伦理还处于较为弱势的地位。未来，只要按照《新时代公民道德建设实施纲要》，大力加强全社会的生态道德建设，就一定会改变重人际伦理轻环境生态伦理的不平衡道德结构，建立完善两种伦理良性互动、彼此促进的合理伦理系统。

综上所述，生态伦理的创造性提出，为世界伦理秩序与结构提供了新的伦理形态、伦理范式，彻底改变了以往只注重人际伦理的单打一格局，建立了人际伦理与生态伦理并重的双重伦理模式。

二　建构新的伦理学体系

尽管围绕生态伦理学的研究对象学术界存在种种分歧，譬如有的人认为生态伦理学应当研究人类与自然界其他生物物种之间的伦理关系，其中的“自然”不仅包括水、岩石、矿物等无机物，也包括动物、植物、微生物等有机物，乃至包括整个自然生态环境；有的人强调生态伦理学不仅要研究人与生物共同体其他生物物种之间的伦理关系，也要注意思考人类社会内部人与人之间的伦理关系；有的人主张生态伦理学主要致力于研究自然生态的伦理价值，生态伦理的本质、生态伦理建构的规律以及人类对待自然生态环境的道德态度和伦理规范，等等，不一而足。但是异中有同，歧见的背后呈现的共同点就是把生态伦理确定为生态伦理学的对象。至今国内一些死守强势人类主义的学者不光否定生态伦理，更是不接受生态伦理学。他们否定生态伦理和生态伦理学存在的可能性和必要性，断定“生态伦理没有独立存在的理论依据，因为伦理学言说的层次只能是人际之间的，而非人与自然之间的，也就是说人与自然的关系问题并不是伦理学思考的范围。如果说在超出伦理学的视域范围来谈人对自然的责任那是没有什么不妥的，但在伦理学的范围内来探讨生态良心或生态义务的问题则是十分不严肃的”①。作为弱势人类中心主义者，基于生态伦理范式的独特性、生态伦理内容的丰富性和生态伦理方法的整体性，笔者认

① 李培超：《自然的伦理尊严》，江西人民出版社 2001 年版，第 111 页。

为不论是生态伦理抑或是生态伦理学，都既是必要的也是可能的，生态伦理学的创新性发展是时代所需要的伦理学，它具有旺盛的生命力和宽广的前途。

（一）生态伦理范式的独特性

从纵向看，既不同于传统农业社会历史背景下生成的原始“天人合一”的人与自然关系的人际伦理，也不同于工业文明孕育的人与自然分离、对立的社会伦理，生态伦理是一种试图把人与人之间的关系和人与自然的关系两者有机结合起来、既承认天人相分又肯定天人合一的种际伦理或整体伦理。理论上，生态伦理包含生态伦理的要素、结构、功能、形态、层次、机制、价值、标准、依据、规范、行为、准则等；实践上，它不仅注重当前人类社会与自然万物的整体利益和长远利益，同时还面向未来而顾及子孙后代的切身利益。

从横向看，生态伦理是一个复合型概念，也是吸附性很强的范畴，它既同生态道德相互交融，又实现了生态与普通伦理有机熔铸，同时和环境、环境伦理以及自然、自然伦理相互依存、相互融合。这些决定了以生态伦理作为对象的生态伦理学，不仅是生态学和伦理学相互渗透而形成的一门交叉学科，也是研究生态、环境、自然、物种、生物、道德等多种并联要素的一门横断学科，还是出于生态失衡、环境危机的忧患意识而注重探讨生态保护、环境平衡、生态文明、绿色消费、种际平等、代际公平、简约生活等复杂多样现实内容的一门应用学科。生态伦理学的如此特性，决定了它必然且业已成为一种超越了传统伦理学的新兴伦理学类型。

（二）生态伦理内容的丰富性

无论是持非人类中心生态伦理观还是持人类中心论生态伦理观，西方学者都构建了特有的生态伦理学或环境伦理学，至今仍方兴未艾。受到西方生态伦理学的影响，中国学者也致力于探索中国特色的生态伦理学或环境伦理学，出版了前述的一大批相关学术论著。这些生态伦理学或环境伦理学成果的内容极为丰富多样，主要有：一是围绕生态伦理的理论依据就人与自然之间的伦理关系展开了理性而充分的讨论，由此形成了人类中心主义生态伦理观和非人类中心主义生态伦理观两大流派，形成了“关系说”和“义务说”。二是就自然的价值展开了广泛的论辩，提出了内在价值论与外在价值论、固有价值论与工具价值论。三是阐述了自然的道德权利和道德义务，建构了动物解放论和动物权利论，提出了自然权利、自然义务、环境权利和权利平等新范式。四是阐明了尊重自然、敬畏生命、尊重生命、种际正义、生态公正、绿色生产、合理消费、控制人口、维护和平等一系列行为规范，以及生态伦理的基本原则（如命令性原则、禁止性原则、节约性原则、选择性原则等）和道德标准。五是触及生态、环境与文化、文明的关系，提出了生态文化、生态文明等理论概念。六是从社会主体角度论述了生态道德主体、道德代理人，创建了生态人、生态组织、生态社会、生态共同体等观念框架。七是探究了生态消费或绿色消费的内涵、途径和机制，生态消费的特点（适度性、节约性、无害性、持续性、整体性），生态消费的价值、基础和目的等。八是阐释了自然生态和生态环境保护议题，涉及如何保护生态平衡与生物多样性、保护与合理使用自然资源、守护人类的生存家园等方面的道德品质与道德规范等。九是分析了生态危机产生的根源，指明了克服生态危机的道德实践根本途径和伦理方法，提出了生态和谐论、生态共生论等全新的理论假说。这些内容是丰富的，也有许多是以前伦理学所缺失的，它们大大扩充了世界伦理学的学术覆盖面。

（三）生态伦理方法的整体性

在研究生态伦理之时，生态伦理学和环境伦理学展现了整体性的方法论特点，这主要体现在两个方面。

1. 系统论思维

尽管不论是人类中心主义生态伦理学还是生态中心主义生态伦理学，往往从价值论角度过于执着于人与自然一方，但是它们一般依据系统方法把二者看成不分彼此、相互平等的统一体。在生态伦理的概念思想中，不仅外界生态各个要素之间构成了一个有机整体，人也是整个生态系统中不可分割的部分，人类与自然界被视为一个密不可分的整体，规定为一个利益共同体。生态伦理学把人与自然视为休戚与共的整体看待两者相互依存的认识关系、价值关系、实践关系的辩证关联，以此阐发道德基础、道德对象、道德权责、道德规范，以指导人类行为的价值取向、维护人与自然的和谐，克服自身的傲慢与偏见，从而实现了由人类与自然的对立思维模式向有机整体思维模式的转换。

2. 共同体意识

共同体是指若干具有某处共同目标、共同利益和共同活动的不同团体成员的联合，它是多种学科研究的对象。社会学视域中的共同体一词最早是由德国古典社会学家滕尼斯在其《共同体与社会》一书中提出来的，他将共同体分为血缘共同体、地缘共同体和精神共同体。此外共同体还有多种提法，如政治共同体、村落共同体、人类命运共同体、东亚共同体、欧洲共同体、天下共同体、世界共同体、地球共同体等。生态伦理学自诞生之日起就把共同体作为重要的观念框架和思想范式加以阐释，强调人作为一个生物物种，既生活在社会共同体之中，又生活在自然共同体中，因而既要对社会共同体承担道德责任，也要对自然共同体负有道德义务。如前所述，泰勒曾经指出整个生命世界是由相互依赖关系组成的巨大综合体，人不过是地球生命共同体中的一员，人类与地球生物圈中的其他物种共属于一个共同体。[①]罗尔斯顿强调自然共同体的美丽、完整和稳定包含着对个性持续不断的选择，它们使得生态系统既具有工具价值和内在价值也拥有系统价值。[②] 利奥波德提出了土地共同体的概念范式，主张应扩大伦理覆盖的范围，以便使伦理共同体包括大地承载的土壤、水、植物和动物，[③]且把人类在共同体中以征服者的面目出现的角色变成共同体中相互平等、相互依赖的公民，促使人类对这个共同体永远充满尊敬之情。[④]过往的伦理学并非没有提出过共同体概念，譬如道德共同体，[⑤] 但是它们大多将共同体限定在狭隘的人类社会范围之内，相反现代生态伦理学则把自然界几乎所有存在物纳入共同体成员之中，这就极大地扩展了伦理学的问题域和辐射力。

三　促进当代中国哲学发展

生态伦理思想概念的横空出世对于当代中国哲学的系统化建构产生了极为重大而深远的影响，它不仅为当代中国社会哲学、人类哲学、文化哲学、科技哲学和价值哲学等带来了新的材料、命题、话语、方法、范式和动力等，更是为新时期中国自然哲学、主体哲学和生态哲学的建立完善起到了极大的促进作用。

---

① 参见［美］保罗·沃伦·泰勒《尊重自然：一种环境伦理学的理论》，雷毅、李小重、高山译，首都师范大学出版社 2010 年版，第 64 页。

② 参见［美］霍尔姆斯·罗尔斯顿《环境伦理学——大自然的价值以及人对大自然的义务》，杨通进译，许广明校，中国社会科学出版社 2000 年版，第 255 页。

③ 参见［美］奥尔多·利奥波德《沙乡年鉴》，侯文蕙译，商务印书馆 2019 年版，第 225 页。

④ 参见［美］奥尔多·利奥波德《沙乡年鉴》，侯文蕙译，商务印书馆 2019 年版，第 226 页。

⑤ 参见王海明《论道德共同体》，《中国人民大学学报》2006 年第 2 期。

（一）拓展自然哲学

德谟克利特、伊壁鸠鲁、亚里士多德等古希腊哲学家都有论述宇宙万物和万物必然性或规律性的自然哲学，而德国古典哲学家黑格尔创立了自然哲学体系，他的《自然哲学》[①] 介于《小逻辑》和《精神哲学》之间。该书把整个自然界的发展看作绝对精神自我异化和自身复归的过程，按照力学、物理学和有机物理学三篇的顺序分别揭示了自然界内部的矛盾、联系和转化，阐释了人类如何看待自然、如何考察自然和如何划分自然三大问题。

一直以来，由于经典马克思主义批判并否弃过德国古典自然哲学，国内长期不承认自然哲学的合法性，而只是讲自然辩证法或自然科学的哲学问题。的确，恩格斯说过自然哲学由于对自然的辩证研究而最终被排除了，任何使它复活的企图不仅是多余的，而且是一种退步；[②] 新历史观结束了历史领域内的哲学，正如辩证的自然观使一切自然哲学都成为不必要的和不可能的一样，现在无论在哪一领域，都不再是从头脑中想出联系，而是要从事实中发现这种联系了。[③] 但是，笔者认为，恩格斯所要抛弃的是基于完全的“抽象思辨”“臆造的人为联系”“科学的科学”及绝对真理等观念的旧哲学，绝不是摒弃“真正的哲学”；他所说的从自然和历史领域中被驱逐出去的哲学，是黑格尔式的自然哲学和历史哲学，而不是一切关于自然和社会的哲学；在人与自然的矛盾越来越严重的历史背景下应当在马克思主义自然辩证法的指导下，深入研究自然的本质、性质、类型、演化、运行、发展、环境、价值等问题，倾力建构自然哲学，以改变中国哲学体系重人类社会轻自然世界的畸形化、简单化局面。

---

① 参见［德］黑格尔《自然哲学》，梁志学译，商务印书馆 1997 年版。

② 《马克思恩格斯选集》第 4 卷，人民出版社 1995 年版，第 246 页。

③ 《马克思恩格斯选集》第 4 卷，人民出版社 1995 年版，第 257 页。

自然哲学虽然主要思考自然界本身的普遍性状和基本规律，可也要反思人与自然（包括原生自然和人化自然）之间的双向关系，从而牵涉现代意义上的生态问题。自然与生态、生态伦理具有天然的亲和性、同一性。就生态伦理的指向来说，它要么指自然界万事万物之间、不同要素与环境之间的伦理性，显示为自然之善；要么指保持人与自然、社会与自然之间平衡和谐的道德关系。之所以断言生态伦理可以拓展自然哲学，从根本上说是由于自然构成为生态伦理的本体基础，而生态伦理则是自然的价值目的和生存之道。

1. 自然是生态伦理的本体基础

如前所言，生态分为自然生态和社会生态两大类型。毫无疑问，没有自然就无所谓自然生态，也就无生态伦理之说；而且绝大多数人一说起生态，一般所指就是自然生态，而非广义上的社会生态。完全可以说自然是生态和生态伦理的本体和基础。

正是因为自然是生态伦理的先在前提，当代生态伦理学高度关注自然、研究自然、呵护自然、敬畏自然，既从伦理学的特定角度有力地推进了自然哲学的发展，又为生态伦理奠定了自然观基础。从对象性内容讲，辛格的动物解放论和雷根动物权利论张扬的动物、泰勒的尊重自然环境伦理学和奈斯深层生态学的核心所指生物、利奥波德土地伦理学所言说的土地，都不过是自然的子系统，无一不是自然界的内在构成要素。罗尔斯顿创发的环境伦理学，其主体内容即是自然价值论和自然义务论，而且它还对遵循自然的规范进行了类型学分析（自组织意义上的遵循大自然、拟伦理意义上的遵循大自然、价值论意义上的遵循大自然和指导教师意义上的遵循大自然）[①]；而泰勒更是以自然为中心阐述了生物中心主义环境伦理学的自然价值论、自然

① 参见［美］霍尔姆斯·罗尔斯顿《环境伦理学——大自然的价值以及人对大自然的义务》，杨通进译，许广明校，中国社会科学出版社2000年版，第46—58页。

权利义务论以及尊重自然的道德态度、以生命为中心的自然观和尊重自然的伦理规范原则。即使是汉斯·萨克塞的《生态哲学》，也从技术人类学的维度探究了自然的本质、自然与社会的辩证联结、自然界的主客体、人与自然的和解。[①]

国内生态伦理学者同样注重从形而上的维度批判近代西方机械自然观而精心建构生态自然观，以为重新理解和把握人与自然关系提供概念架构和观念系统。雷毅鲜明地指出人与自然之间的伦理关系不仅是可能的也是必然的，主张建立一种反映人与自然伦理关系新的理论范式。[②] 李培超直接以“自然的伦理尊严”作为专门研究生态伦理学的书名，该书不仅论述了自然权利、自然义务和生态伦理规范（他称之为“自然道德法庭”），而且深入探究了自然与文化的对立统一关系、自然观的误区和生态伦理观的“自然主义谬误”（把事实等同于价值、是等同于应当）等与自然密切相关的重大问题。[③] 从生态伦理的定位来说，中外生态伦理学和环境伦理学所界定、所推崇的生态伦理，本质上即是一种人与自然之间的关系伦理，它将人类道德关怀的对象性领域从人类社会延伸到非人类的自然界，借以追求人与自然的统一。

2. 生态伦理是自然的目的指向

自然哲学借助于生态伦理而使自身得到深化。一则自然容纳了生态伦理的内容。已经不限于纯粹的自然，而包括人化的第二自然，因此自然本身就蕴含着自然与人的关系，而人某种意义上即是一种伦理的存在。二则大自然本身彰显出生态伦理的特质。虽然自然在漫长的演进过程中也不时发生地震、海啸、风暴、火灾等自然灾害，但是它也呈现出目的性、齐一性、对称性、均衡性等特质。通过对自然生态

---

① 参见［德］汉斯·萨克塞《生态哲学》，文韬、佩云译，东方出版社 1991 年版。

② 参见雷毅《生态伦理学》，陕西人民教育出版社 2000 年版，第 38—40 页。

③ 参见李培超《自然的伦理尊严》，江西人民出版社 2001 年版。

性、伦理性的揭示，必将极大地丰富自然哲学的内容。

从理论上看，西方自然哲学借助于对生态伦理的关注能够拓展自己的学术空间。西方生态伦理话语把人、自然和社会当作同一个整体追求它的优化，充分肯定自然事物的内在价值或固有价值，确立人维护自然界的动植物以至无机物的“福利”的道德义务，强调尊重生物的道德权利，要求保护地球文明和自然秩序，以便建设人与自然相互交融、相互协调的天下新世界。以往，西方自然哲学由于缺乏生态伦理思想的支撑极大地限制了自身的发展，未来假如吸收生态伦理的营养，把伦理关系融入对自然及其与人的关系阐释中，就会激发它的生命活力。

中国传统自然哲学的主流儒家天人之学，充分肯定了自然之天具有德性，具有生生之德。《周易》明确地讲“天地之大德曰生，圣人之大宝曰位”（《易·系辞下》），思孟学派对德性之天做了一定的阐释，《中庸》提出了“万物并育而不相害，道并行而不相悖，小德川流，大德敦化，此天地之所以为大也”的著名论断。与此同时，自然的发展演变也要求人类以一种道德的态度对待它，建立一种天人伦理关系。儒家从天人合一、天道与人道相通的本体论出发，强调天人同德、以德配天。《周易》明确提出了“夫大人者，与天地合其德，与日月合其明，与四时合其序，先天而天弗违，后天而奉天时”（《易·乾·文言》）的重要论断，明清之际的王夫之对以德配天做了进一步阐释，提出了“圣人尽人道而合天德。合天德者，健以存生之理；尽人道者，动以顺生之几”[①] 的观点，把自然之天上升到义理之天的高度，深化了儒家以天人合一为导向的生态伦理。儒家对自然道德的论说，不仅丰富了自己的生态伦理思想，也为儒家以至当代中国的自然哲学提供了思想资源。

---

① （明）王夫之：《周易外传》卷2，载《船山全书》第1册，岳麓书社2011年版，第890页。

（二）完善主体哲学

很长时间以来，由于片面理解主体性，导致主体性问题一直成为中国哲学的“禁区”，严重影响了中国哲学的生机与活力。进入改革开放以后，随着马克思实践唯物主义思想的深入讨论，随着人性、人道主义和异化问题研究的展开，随着存在主义、人格主义、西方马克思主义、南斯拉夫实践派、哲学人类学等凸显人类主体性的人学思潮输入，随着中国现代化发展引发的人类征服自然、改造自然的力量更加凸显，主体的能动性、自主性和选择性空前强化，中国哲学界试图扭转以往机械直观的倾向，解决所谓“主体性失落”问题。一方面，对主体和客体、主体性和客体性、主观和客观、主体性原则和客体性原则等相关范畴的类型、本质、特征、功能及其相互关系等进行了广泛的研究；另一方面，尽力从主体角度去理解一切事物，去解释和规定哲学范畴和命题，从而带动了中国哲学基本内容、思维方式、理论范式、话语体系等的历史性转换，有的人甚至依此去建立主体性哲学体系。例如由高清海主编的《马克思主义哲学基础》,[①] 就是立足于主客体视角建造哲学体系的。另一个值得注意的现象是，突出主体性俨然成为20世纪80、90年代中国人文社会科学的思想主题、重要特点和时代风尚，它发散于哲学、文艺学、美学、伦理学、历史学、法学、文化学等各个领域，一些学者相应提出了审美主体性、历史主体性、文艺主体性、道德主体性、历史主体性等概念命题。其中针对传统伦理学重群体轻个体、重规范轻自律、忽视人的道德主体能动性的倾向，中国伦理学界开始重视道德的主体性，主体性成为道德思维的普遍方式。

---

① 高清海主编：《马克思主义哲学基础》，人民出版社（上册）1986年版；人民出版社（下册）1987年版。

在新时期中国主体哲学的早期发展阶段，尽管一些学者关注到互主体性、主体间性，有的人把主体划分为个体主体、群体主体和类主体，肯定人是一个既为主体又为客体的二重化存在，尤其是一些人阐释了非人类的客体也具有能动性，但是不能不说也暴露出某些不可忽视的错误思想倾向：过于强调人的主体性而轻视了人的受制约的一面、从过去的“见物不见人”走向“见人不见物”的另一极端、较为漠视人对自然改造可能带来的负作用……对“道德主体论”，一些学者提出了中肯的批评，认为如果过分强调主体性很可能走向夸大主观意志的作用，从而打上摆脱一切客观制约的唯意志倾向和漠视道德规范性的自由主义倾向。更为重要的是，由于受传统主体性哲学的限囿，尚没有人突破性地将非人类的自然界的个体、物种、生态系统当作主体。与之不同，20 世纪 90 年代之后西方生态哲学和环境伦理学、生态伦理学逐渐引介到中国来，在一定程度上改变了中国主体哲学的思想范式。尽管西方生境伦理学只是把道德代理人规定为人，但它们不仅把社会性的人设定为道德的主体，还把道德关照的范围拓展到人与自然的关系，将动植物等有机物规定为道德的主体，这就极大地扩展了主体的外延和类型，从根本上扭转了传统的主客体仅仅限于人类社会的方向，使得主客体呈现为两大相辅相成的领域：一是人与人、人与社会关系的领域；二是人与自然关系的领域。

诚然，要人们接受把自然事物视为主体存在相当的难度。如果说将具有一定意识的高级动物称为主体相对容易理解的话，那么把低级的动植物以至无机物当成主体更是难上加难，即使是西方自然中心主义者也有人反对这样做。在评估生态伦理学的自然价值理论时，李培超批评它具有“泛主体化”倾向，认为主体只能是人而不是物，自然价值论把自然物规定为具有自身目的的主体性存在，否定它是相对于人而言的客体、工具，就是“对‘主体’这一概念的僭越，而且这种僭越是没有可靠的依据的”[①]。笔者认为主体概念可以分为广义的和狭义的两种，后者适用于人文社会领域中的个体、群体和类，而前者可以推广到具有一定欲望、情感、目的、思维等意识要素的动植物，至于无机物恐怕还不能视为主体。如此规定主体，就能够将人与自然的关系纳入互主体性的广阔视域之中，拓展主体哲学的覆盖范围和学术空间。

（三）发展生态哲学

长期以来，伦理学被当作哲学的二级学科来对待，对这一惯常做法一些人表示质疑。他们指出伦理学实际上分为理论伦理学和应用伦理学两个部分，如果说前者大致可以等同于道德哲学而从属于哲学一级学科的话，那么后者就不能包含在哲学之中而具有相对独立的理论特色。类似地，有些学者认为生态伦理学、环境伦理学不能完全归结为生态哲学或环境哲学，它们属于相互交叉的关系。笔者赞成这一观点，但同时也肯定生态伦理与生态哲学（Ecological philosophy）具有很大的粘连性，生态伦理作为重要的理论话语和实践命题有助于推动生态哲学的发展。

生态哲学是从主客体的角度对自然界一切生物和非生物的生存和发展状态、生物与环境之间的关系尤其是人与自然之间的一般性相互关系、普遍规律进行综合研究的世界观智慧。换言之，生态哲学是关于生态的本质本体、认识方法、基本类型、运行规律、思维方式、价值导向、实践过程等的哲学形态。它凸显人和宇宙自然的统一性、自然界的完整性和和谐性，追求人与自然的和谐共存。且不说生态伦理作为生态伦理学的核心话题使之从属于生态哲学，生态哲学的发展和指向也表明，它要把与生态有关的伦理道德问题纳入探究的对象性内

---

① 李培超：《自然的伦理尊严》，江西人民出版社 2001 年版，第 145 页。

容之中，致力于探讨主体活动、技术发明运用等所带来的人的异化、生态危机、生态代价（“生态赤字”）、生态失衡、生态责任、生态义务、生态公正、环境失衡和道德困境等一系列问题。

由德国哲学家汉斯·萨克塞撰著的《生态哲学》一书，以技术为主线探讨了自然的本质、技术的作用以及科技发展提出的社会要求等一些重大课题，着力阐发了自然与社会之间的对立统一关系。萨克塞指出科学技术的发展虽然带来了人类物质生活的极大丰富，它的专业化发展却也使人类日益受到技术严格的控制，进而使人类失去自主性，生活日益变得单调，为此，要充分认识到人类不仅是自然界的主体更是构成自然界的客体，应当在顺应自然的基础上再去利用自然，致力于建立人与人、人与自然之间的相互理解。[①] 显而易见，萨克塞的生态哲学带有相当大的技术哲学、技术人类学意味。不过，萨克塞也在一定程度上认识到了生态伦理在生态哲学中的意义。他指出对自然的知识是人行动的基础，是改造现实的基础；对自然的认识导致我们对我们全部的生活条件和生存承担责任，而“认识自然所取得的成果使我们意识到了这种道德上的挑战和这种责任”[②]。

中国生态哲学肇始于20世纪80年代，发展于20世纪90年代，深化于21世纪，它对马克思主义生态哲学的发展如生态马克思主义等进行了较为深入的研究，翻译出版了国外众多生态哲学著作并对其生态哲学思想做了深入的阐发，梳理并挖掘了中国古代生态哲学思想，初步形成了较为系统的生态哲学体系。[③] 回顾中国生态哲学的发展历程，就会发现它同生态伦理和生态伦理学是相伴而生、相辅相成的，它无疑是在生态学基础上孕育产生的，但也吸收了不少中外生态伦理智慧。与西方生态哲学一样，新时期中国生态哲学研究的主题主

---

① 参见［德］汉斯·萨克塞《生态哲学》，文韬、佩云译，东方出版社1991年版。

② ［德］汉斯·萨克塞：《生态哲学》，文韬、佩云译，东方出版社1991年版，第31页。

③ 参见肖显静《加快构建中国特色生态哲学》，《人民日报》2017年11月27日。

要是生态本体论、生态认识论和生态价值论，其中生态价值论就涉及生态环境伦理、生态道德价值观以及人对自然所负有的直接或间接伦理义务。余谋昌撰著的《生态哲学》从生态学世界观的角度论述了生态哲学的本质、生态哲学的基本问题和生态哲学的基本结构；在批判机械论世界观的基础上，阐述了生态本体论、生态认识论、生态学方法论和生态价值论等问题，[①] 当中的生态价值论不乏生态伦理价值取向的考量。

四 调节人的社会行为

生态伦理具有强烈的实践指向性，如同一般道德一样，它对人的行为具有多种功能作用，其中最核心的是调节功能。之所以说生态伦理具有对人的行为具有调节作用，主要基于以下三条理由。

（一）生态伦理蕴含着行为规范内容

生态伦理本身是一个由生态伦理关系、生态伦理原则、生态伦理规范、生态伦理品质、生态伦理情感、生态伦理意识、生态伦理意志、生态伦理理想、生态伦理行为、生态伦理活动、生态伦理价值、生态伦理评价、生态伦理教育、生态伦理修养等所构成的伦理系统，它们对社会生态伦理和环境伦理的建构发挥着良好的教化、激励、示范、引导等作用，其中生态伦理规范体系（含生态伦理原则）是用以处理人与自然关系的重要道德遵循。

随着人类社会的发展、科技水平的提高，人类控制自然的实践能力显著提高，利用自然和改造自然的本领不断提升，自然界越来越多

① 参见余谋昌《生态哲学》，陕西人民教育出版社 2000 年版。

地打上人类活动的印迹，越来越多地转化为人工自然，从而使自然为人类的生产生活提供了更多的产品和服务，极大地提高了生产力水平，改善了人类的生活，养活了世界上几十亿人。然而，令人痛心疾首的是，一则是自然资源总是相对有限的，具有固定的承载力，许多资源是不可再生的，同时生态环境一旦遭到破坏有的短期内难以恢复；二则是受经济利益、政治利益、军事利益等的驱使，加之人们往往欲壑无底，人口的急剧膨胀，导致一些人不择手段地在五花八门的活动中（开垦土地、砍伐森林、修建水坝、采掘矿产等）肆意地改变自然、掠夺自然，成为自然世界的破坏者、征服者，从而加剧了生态失调和环境恶化，激化了自然与人、自然与社会之间的矛盾。

上述现象表明，正是人类针对自然的实践行为既改造了自然、美化了自然又破坏了自然、恶化了自然，于是给人类提出了如何协调人与自然关系、维护生态平衡的挑战。为了解决这一挑战，西方许多生态伦理学家、环境伦理学家从行为主义角度构想了用以引导和约束人有关自然、生态、环境实践活动的规范、原则。最有代表性的当然是泰勒，他为了把尊重自然的终极性态度和生物中心主义的自然观落到实处，阐述了用来指导道德代理人行为的标准和规则体系；而为了化解环境伦理与人际伦理之间的义务冲突，还提出了自卫原则、均衡原则、最小错误原则、分配正义原则和补偿正义原则。如下所述，国内研究生态伦理和环境伦理的学者也提出了不少调节人与自然关系的行为规范和准则，例如李培超就阐发了清洁生产、合理消费、控制人口、维护和平四条规范。①

（二）生态伦理体现了自律和他律的统一

和生态法律比起来，生态伦理、生态道德不属于硬约束，而是一

① 参见李培超《自然的伦理尊严》，江西人民出版社 2001 年版。

种软约束，主要借助于人内在的生态良心、生态情感、生态理念和社会舆论。尽管如此，软约束也是一种约束，这些软力量同样是调节人对于人自然性行为的自律力量。众所周知，利益是道德的基础，不论是出于对自然万物本身利益的考虑还是基于人类自身利益的盘算，生态伦理都能够使人在维护自然的持续存在与发展这一点上控制人对自然的破坏和对环境的侵蚀，以实现自然发展的合规律性与人类发展的合目的性的统一。人是大自然之子，大自然是人的物质和精神的双重家园；是人离不开自然，而不是自然离不开人。生态伦理反映了人与自然的天然关系，它势必内化为人内在的精神信念而自觉地指导人既合理利用自然又敬畏自然、顺应自然，使人事关自然及其动植物的行为朝向正确的方向前进。

人是一种环境的高级动物，总愿意生活在良好的自然环境之中，环境的约束构成了生态伦理的他律条件，正是在环境权利和环境义务的驱使下，经过理性的权衡，人类能够自己调节对自然的关系性行为。正如霍尔茨所说："是否需要维持合理的生态平衡，对自然界来说确实是无所谓的，环境保护与自然无关，而只是涉及人类自身的利益，环境保护实际上是人类保护。"① 传统观点认为，发展与环境保护是一对矛盾，发展就意味着资源和环境的消耗。正是由于此，导致发展与环境保护的矛盾日益突出，环境伦理原则和规范难以大众化、普遍化。实际上，人与自然、发展与环境保护既有相互对立的一面也有相互统一的一面。正如习近平指出的："我们既要绿水青山，也要金山银山。宁要绿水青山，不要金山银山，而且绿水青山就是金山银山。"② 习近平的"绿水青山就是金山银山"的理念，深刻地揭示了人与自然、发展与环境保护、绿山青山与金山银山的内在统一，为生

---

① ［法］H. 霍尔茨：《自然、技术、生态学》，柴方国译，《国外社会科学》1989 年第 8 期。

② 《习近平总书记系列重要讲话读本》，人民出版社 2016 年版，第 230 页。

态伦理调节人的行为提供了科学的指导。

（三）生态伦理具有崇高的终极关怀

生态伦理的终极关怀从总体上说是实现人与自然构成的系统整体稳定、和谐、繁荣，追求自然价值与人的价值共同达成。从笔者坚持的弱势人类中心主义来说，生态伦理的终极关怀就是以人为目的，实现人的自由全面发展，满足人类生存、快乐、幸福终极价值需求。有这些健康、崇高、向善的终极价值关怀做保障，生态伦理就可以有效地调节人的多种关于自然的行为。

人的需要不仅存在马斯洛所说的五种层次（生理需求、安全需求、社交需求、尊重需求、自我实现需求），还分为真实的需要和虚假的需要、正当的需要和不正当的需要、手段性需要和目的性需要的多种类型。应当承认，即便是人类的正当的、健康的、真实的需要也有可能引发人与自然的对抗，但是绝大多数生态灾难毕竟是由虚假的、不正当的需要所引起的，而人类的一些奢侈性需要更是酿成生态危机、环境失序的根源。只要在全社会大力倡导可节制性的生态伦理与生态道德，就会引导人类适度控制人口增长，使人口增长与地球的人口生态容量相适应；就会使人类把改造自然的行为限制在自然生态所能承受的范围内，实现对人类活动的调整性控制、改善性控制、理解性控制和理智性控制；就会促进自然的再生产能力与自然资源的开发利用相协调、相适应，为人类的持续发展、健康发展、和谐发展留下充足的空间；就会促进绿色消费、资源节约、环境保护等实践活动的开展，推动形成绿色简约生活的社会风尚，从而在肯定自然的同时肯定人类自我。

五　维持生态环境平衡

生态平衡概念具有广义和狭义之分。广义上的生态平衡是指生态环境中包括人类在内的生物族群与自然环境之间以及生物各个族群之间形成相互依存、和谐统一的高度适应状态。狭义上的生态平衡是指人类在进行利用自然、改造自然和人化自然的生活、生产实践活动中与生态环境、自然资源、生物族群形成了协调统一的平衡关系。作为一种价值理念和行为规范的生态伦理或环境道德，是人类自觉反思自身与自然、生态、环境之间关系的一种产物，与狭义的生态平衡相契合。生态伦理或环境道德在本质上是对人类自身生活、生产实践活动的深刻觉察和自我批评，它希冀从以往的生活、生产实践活动中吸取经验和总结教训，从而树立正确的价值理念和行为规范，促成人类自身与生态环境、自然资源、生物族群之间关系的协调平衡，达成生态平衡的价值目标和实践目的。生态伦理具体在以下几方面有助于人类维持生态平衡，借以协调、平衡自身与生态环境之间的关系状态。

（一）尊重天人合一

生态伦理思想主张尊重自然，认为自然界不完全是人类认知和改造的客观对象，人类需要尊重自然，从而能够更好地理解自然乃至更深刻地理解自身，从而达成人与自然之间的生态平衡关系。正如马克思所指出的："自然界，就它本身不是人的身体而言，是人的无机的身体……所谓人的肉体生活和精神生活同自然界相联系，也就等于说自然界同自身相联系，因为人是自然界的一部分。"① 自然界或生态

① 《马克思恩格斯全集》第42卷，人民出版社1979年版，第95页。

环境在本质上是人“无机的身体”，人类的生活、生产活动和精神活动皆与自然界相依相存、密不可分。自然界或生态环境不只是人类获取生活、生产资料的改造客体，在某种意义上人与自然是合而为一的，互为对方身体的延续，形成了自然的“人化”与人的“自然化”的辩证统一关系。

在中国传统哲学中，亦有相同的表达。《中庸》讲：“唯天下至诚，为能尽其性。能尽其性，则能尽人之性。能尽人之性，则能尽物之性。能尽物之性，则可以赞天地之化育。可以赞天地之化育，则可以与天地参矣。”在中国传统天人观语境中，哲人亦是在寻求一种人与天地（自然）和谐统一、相依相存的生态平衡关系，以求达到人性与物性乃至天地之性的相生相存、相尽相依的和谐状态，而不是单向度地把自然万物或生态环境作为人类的客观观察、索取和改造的对象，反而追求在“至诚”的境界或状态下充分体现对自然的尊重，以及对于生态平衡最深刻的体悟。

毋庸置疑，古今中外的生态伦理思想所提倡的尊重自然理念，是人类维持生态平衡的价值源头和实践动力，正是在天人并立互存的动态平衡关系语境中，人构成了自然系统的一部分，自然的价值意义通过人得到体现和表达，而这正是生态平衡价值内涵的深刻彰显。

（二）顺应自然节律

生态平衡的干扰和破坏在很大程度上源于人类将自身的利益“为所欲为”地凌驾于自然环境之上，以“世界主宰”和“万物之灵”的姿态无休止、无限度地攫取自然资源，从而导致生态环境被破坏。如，人类畜牧业的疯狂扩张，远超草原适应的载畜量，造成草原资源的退化和土地荒漠化；人类对森林资源的采伐，无视树木的生长量和生长周期，造成了森林资源的衰退和土地的水土流失；人类远洋捕鱼业对海洋生物资源肆无忌惮地索取，无视渔业资源的再生规律，导致了海洋生物资源的枯竭。这些都是人类无视生态规律和践踏生态规律而导致的恶果，最终人类也将被迫吞食这些恶果，“征服者最终将自我毁灭”①。

荀子指出：“天不为人之恶寒也辍冬，地不为人之恶辽远也辍广，君子不为小人之匈匈也辍行。天有常道矣，地有常数矣，君子有常体矣。”（《荀子·天论》）生态伦理或环境道德提倡尊重生态规律、遵循天地之常道，认为大自然按照相应的生态规律约束着人类与生态环境之间的相互关系和相互作用。所以，人类应在尊重自然的基础上尊重生态规律，并以生态规律的运行规则来合理规划各种实践活动，使其与生态环境、自然资源和生物族群和谐共处，以达成生态系统的平衡。

孟子认为：“不违农时，谷不可胜食也；数罟不入洿池，鱼鳖不可胜食也；斧斤以时入山林，材木不可胜用也。”（《孟子·梁惠王上》）自然万物的循环往复有其内在的生态规律，“谷”“鱼鳖”“山林”皆有其发育、生长的规律周期，作为行动主体的人类不可将自己的主观意愿凌驾于生态规律之上，应在尊重自然、爱护自然的基础上按照自然万物的生态规律去合理安排自身的生产生活，以生态环境合理的承载量为前提，去获取人类自身生存和生活必需的物质需求。

以人为行动主体的生态伦理或环境道德思想是对生态规律的一种体认和反思，也是人类对于自然万物和生态环境的一种温情和关怀，并不只是一种冷冰冰的客观规律研究和阐述。孔子讲：“启蛰不杀，则顺人道；方长不折，则恕仁也。”② 他将万物的发育生长规律与“人道”“恕仁”相联系，以伦理价值的视角对生态规律进行了阐释，赋予自然规律温情脉脉的人文关怀，同时也赋予人类尊重生态规律的

---

① ［美］罗德里克·弗雷泽·纳什：《大自然的权利：环境伦理学史》，杨通进译，青岛出版社1999年版，第94页。

② 杨朝明、宋立林主编：《孔子家语》，齐鲁书社2013年版，第141页。

义务和遵守生态规律的责任。正如阿尔贝特·史怀泽所讲的："善是保持生命、促进生命，使可发展的生命实现其最高的价值。恶则是毁灭生命、伤害生命、压制生命的发展"①，他将人类之"善"扩展至人类与自然的关系当中，深刻阐释了人类尊重自然生命的生态伦理。

综上所述，对于生态伦理或环境道德价值理念的认同和行为规范的遵守，有助于对生态规律的体认，有助于人类自身在利用自然和改造自然时取予有度、顺时取中和节用爱物，从而使人类与自然万物、生态环境的互动关系呈现良性发展的态势，并最终实现生态平衡的最佳状态。

（三）树立生态型生活方式

生态伦理或环境道德有助于人类树立正确的生态型生活方式，这种生态型生活方式在本质上来讲是人类在生活、生产实践活动中确立的一种正确的生态生活观，它将以此生活观念来促进人类自身活动与自然生态互动关系的良性发展，并最终实现生态系统的平衡运行。

人类生存和人类历史的前提是获取满足生存和发展的物质生活、生产资料，这一点无可厚非。但伴随着人类进入大工业化生产和经济全球化时代，物质资料和物质商品的飞跃性增加使人类进入"物质主义—经济主义—享乐主义"生活模式，进而形成了物质享受型的生活观念，造成了奢侈浪费、炫耀性消费观念的泛滥。这种"物质主义—经济主义—享乐主义"生活模式超出了人类生存和发展的合理需求，更是超过了自然生态平衡系统所能承载的阈值，它正在一步步地将人类推入生态失衡的深渊。要想摆脱这样一种生态灾难式的物质享受型生活态度，唯有依靠树立正确的生态型生活方式，以健康的生态生活

---

① ［法］阿尔贝特·史怀泽：《敬畏生命》，［德］汉斯·瓦尔特·贝尔编，陈泽环译，上海社会科学院出版社1992年版，第9页。

观取而代之，以维护人类与自然生态之间关系的总体平衡。

具体而言，生态伦理或环境道德关怀下的生态型生活方式—生态生活观要求人们在满足基本的生活需求的前提下放弃过度消费和炫耀性消费，提倡低碳消费和绿色消费；放弃奢侈浪费、骄奢淫逸的物质型生活态度，提倡开源节流、固本节用的生态型生活方式。一种健康的生活态度或消费观念有利于人类社会运行系统的维护和可持续发展，故而人类应该尊重生态规律，建构符合新时代特征的生态伦理思想，建立符合生态规律运行的生活观念，在自然生态系统可承受的范围内提高生活质量。

建立在生态伦理或环境道德基础之上的生态型生活方式—生态生活观是人类生活方式转变的必由之路，更是人类文明可持续发展的必经之路。在当今环保科技、低碳经济、清洁能源、生态技术大力提倡和发展的时代背景下，在“我们既要绿水青山，也要金山银山。宁要绿水青山，不要金山银山，而且绿水青山就是金山银山”[①] 的新时代发展要求下，绿色经济、环保经济、生态经济、绿色消费和生态生活已经越发成为经济发展和社会生活的重要内容和核心指标。只有树立正确的生态生活观念，才能真正地摒弃以物质性享受、消费为主要特征的“物质主义—经济主义—享乐主义”生活模式，更好地维系人类与自然生态的良性互动关系，促进人类社会的永续发展和自然生态环境的整体平衡。

六　构建生态文明发展模式

人类社会发展模式随着人类生活、生产实践活动的演变以及对生

① 《习近平总书记系列重要讲话读本》，人民出版社 2016 年版，第 230 页。

态自然环境认知的进一步深化，日渐分为两大发展模式：传统工业文明发展模式与生态文明发展模式。作为经济传统发展模式的传统工业文明形态，其理论前提和实践基础来源于机械论的哲学世界观和自然认识论，它把一切自然资源和生态环境作为人类获取物质生活、生产资料的客观改造对象，以“主宰者”的姿态将其实践活动凌驾于生态规律之上，蔑视自然，从而造成了人之身心、人与人、人与自然生物、人与生态环境的割裂与分离。作为经济传统发展模式的工业文明单向度地以追求物质财富、社会消费、经济总量、城市化扩张的极速增长为主要实践目的，而忽视了人与自然万物、生态环境的和谐共生关系，从而造成了人之身心、人与人、人与自然生物、人与生态环境的割裂与分离，酿造了严重的生态危机，直接导致了人类自身生存和生活质量的严重下降，乃至引发了严重的社会危机，并最终严重阻碍了经济社会的进一步发展。

随着人类经济实践活动的进一步深化，人们已经越发清醒地认识到作为经济发展模式的传统工业化文明形态已经不再适应人类生活、生产实践活动的规律，不符合人类经济会发展的美好愿景。作为一种崭新的经济发展模式的生态文明形态，是伴随着人类对传统工业文明形态的反思和批判而诞生、发展和演变形成的后工业文明模式。生态文明形态与传统工业文明形态迥然不同，它以整体论和有机论的哲学世界观取代了传统工业文明形态的片面论和机械论的哲学世界观；以人类尊重自然生态规律取代了传统工业文明形态以人类为中心的价值取向；以人类与自然生态环境的和谐共生关系取代了传统工业文明形态中人类与自然生态环境关系的紧张张力；以经济社会的可持续发展取代了传统工业文明形态片面地不计代价地追求物质财富的极速增长；以合理、理性、绿色的社会消费取代传统工业文明形态的过度、奢侈、浪费的社会消费；以环保、低碳、循环的经济生产模式取代了传统工业文明形态的高污染、高耗能、高排放的工业模式。

生态文明发展模式是人类生态伦理或环境道德在经济社会领域的一种实践，是生态伦理价值理念和行为规范在生活、生产实践领域中的一种应用。它注重人类自身的身心协调、人与人关系的和谐、人与自然生态关系的共生，为人类经济实践活动的可持续发展与永续发展注入了新的动力。生态文明发展模式是人类对传统经济社会发展模式的一种反思和批判，某种意义上是生态伦理在人类经济社会领域的一次实践，它将进一步推动社会经济的良性发展。

（一）推动生态、经济与社会协调发展

传统工业文明形态将自然生态作为人类利用、改造的客观对象，本质上以强势人类中心主义为价值指向，用片面而机械的哲学世界观指导人类的经济实践活动，肆意地攫取自然资源，造成了生态环境的严重失衡，形成了经济发展与生态保护之间关系的矛盾，并引发严重的社会危机，从而不可避免地造成了生态、经济、社会三者之间的对立。

生态文明与传统工业文明不同，它旨在维系人类与自然生态的和谐共生关系，不以单向度的经济指标作为人类发展的唯一标准，更不以单纯的经济“量能”考量人类经济社会发展的程度和成就。生态文明形态更加注重人类经济发展“质”的层面，综合考量人类身与心、人与人、人与社会、人与自然的协调统一，旨在实现人类社会的可持续发展和永续发展的美好愿景。在生态、经济、社会辩证统一的发展观框架下，不再以经济总量的多少来衡量人类的幸福与福利，更不再将人类的健康、审美和精神需求简单地还原为经济行为。

总之，生态文明发展模式冲破了传统发展模式的物质至上主义，取而代之的是一种生态主义的价值观和幸福观、福利观，本质上是对人类精神生活、审美能力的一种解放和提升，必将促进生态、经济、社会的和谐统一、健康有序。

（二）实现生态生产力与物质生产力的共赢

以生态伦理为价值核心的生态文明发展模式倡导的是生态生产力发展观。所谓生态生产力发展观“就是把生态环境资源看作是发展生产力的必要条件，真正发挥生态环境资源的社会效应，进而在发展过程中尊重和顺应自然规律，走生态文明发展道路，实现人与自然和谐共生的发展”①。

人类的生活、生产实践活动必须依赖自然生态条件，人类本身就是自然的一部分，需要以符合生态规律的方式从自然当中获取生产资料和生活资料。人类经济实践活动的顺利开展依赖于人类与自然的和谐共生关系，这也是马克思所讲的“自然力也是生产力”的题中之意，因此不能只是片面地追求物质生产力“量”的增长，也要改善生态生产力“质”的保障。正如习近平所指出的：“我们追求人与自然的和谐，经济与社会的和谐，通俗地讲，就是要‘两座山’：既要绿水青山，又要金山银山。这‘两座山’之间是有矛盾的，但又可以辩证统一。”② 为此，我们要深刻反思和扬弃造成生态保护与经济发展对立矛盾的传统工业文明发展模式，提倡“绿水青山”的生态生产力与“金山银山”的物质生产力的辩证统一，正确处理好经济发展中的“质量”与“总量”的关系，把握好人类实践活动与自然生态规律的和谐统一，从而真正地实现人类经济与社会的可持续发展和永续发展。

低碳技术、环保科技、绿色循环生产模式、绿色能源应用技术、低耗能高效率生产技术等新型科学技术，为人类生态生产力与物质生产力的辩证统一发展提供了最好的时代契机，从根本上改变了高污染、高排放、高耗能、低效率的粗放型传统经济生产模式。据此，我

① 王雨辰：《社会主义生态文明的发展价值观》，《江苏海洋大学学报》2020 年第 4 期。

② 习近平：《之江新语》，浙江人民出版社 2007 年版，第 186 页。

们应当由粗放型地投入生产资料和劳动力的传统生产模式转变为顺应生态规律、提高资源利用率、强调低碳排放的新型经济发展模式，以达成人类经济发展“数量”和“质量”的统一、“物质”和“精神”的统一、“人类”与“自然”的统一。总之，以生态伦理为价值核心的生态文明形态反对人类与自然机械的对立，提倡在人类与自然生态和谐共生的关系中谋求经济的持续发展和健康发展，这既是对自然生态负责，更是为人类的未来负责。

（三）增进人类福祉促进社会和谐

随着世界工业化和经济全球化、城市化的进一步发展，人类经济社会活动加大了对自然资源的攫取力度，加深了人类与自然生态之间的对立矛盾，从而产生了资源枯竭、生态破坏、环境污染、气候变暖等严峻的生态危机问题，直接影响和降低了人类的生存、生活质量。被世界工业化、城市化潮流裹挟的人们，虽然实现了物质财富的极大增长，但也导致产生生态失衡、空气污染、水源污染、食品安全问题、居住环境恶化、生活垃圾污染、城市内涝问题等一系列生态危机，严重损害了人类的健康和生存、生活质量，直接引发了现代人类幸福感的缺失，引发了人与人之间互动关系的紧张，造成了社会秩序的失衡。对自然资源肆无忌惮地攫取，更是导致了不可再生资源的枯竭，损害了人类代际公平和可持续发展，进而引发了贫富分化、发展不均衡等一系列社会性问题。

面对由生态破坏而引发的一系列社会性问题，一些有识之士开始深刻反省以往的发展模式，主张用生态伦理加以化解。生态伦理或环境道德旨在调解人类与自然生态之间的紧张关系，达成人与自然的和解与和谐。因此，人类清醒而自觉地认识到应当用生态伦理调节人与资源之间的关系，主张在与自然和解的过程中对人类自身完成一种精神上的救赎，将人类从传统的“物质至上”的桎梏中解放出来，以生态伦理的价值观念和行为规范约束自身，以达成身与心、人与人、人与社会、人与自然的和谐统一。总之，必须根据生态伦理的理念，在根本上解决现代的一系列生态危机问题和人类生存、生活环境恶化的问题，实现人类经济社会的永续发展，保障代际和代内的发展公平，缩小贫富差距，解决区域发展不均衡问题，以增加人类生活幸福指数，增进人类福祉，促进社会和谐。

第四章

生态伦理的规范原则

除核心观点外，基本规范也是生态伦理的重要组成部分。规范一般说来有两方面的意蕴：其一是作为动词的，它是指约束、调控、指导等；其二是作为名词的，它是指制度、法规、原则、典范、标准等。因此，我们所说的生态伦理规范包括生态伦理原则。规范的一项重要功能就是确定人的权利与义务，一如罗尔斯所说："我们有必要把一个制度确定为各自权利义务的基本规则……"[①] 据此可以说，生态伦理规范不仅确立人的生态道德权利，也确定了人的生态道德义务或责任。

西方生态伦理思想凸显诸如敬畏生命、尊重生命、种际正义、生态公正等行为规范，前已述及，泰勒一方面提出了与美德相关的不作恶的原则、不干涉的原则、忠诚原则、补偿正义原则；另一方面提出了尊重自然的自卫原则、对称原则、最小错误原则、分配正义原则和补偿正义原则五条原则。中国传统生态伦理思想也阐发了仁民爱物的生态伦理情感、取予有度的生态伦理行为、天人相参的生态伦理追求、有效保护自然资源的实践要求等。当今国内学术界在借鉴中西方前人生态伦理学成果的基础上，提出和阐释了相关的行为道德规范。

① ［美］约翰·罗尔斯：《正义论》，何怀宏、何包钢、廖申白译，中国社会科学出版社 1988 年版，第 52 页。

李培超的《自然的伦理尊严》论及生态伦理学的规范体系时，不仅提出了“公正”原则，也讲述了清洁生产、合理消费、控制人口、维护和平四条规范。[①] 曾建平的《环境公正：中国视角》以当代中国环境实践为对象专门探讨了环境公正问题，从时空交叉维度把环境公正分为国际环境公正、环境族际公正、环境域际公正、环境群际公正、环境性别公正、环境时际公正六大方面。[②] 雷毅的《生态伦理学》指出了生态伦理学的道德规范是尊重生命、尊重生态系统和生态过程。[③] 另外，其他学者关于生态伦理学和环境伦理学的著作也阐述了生态伦理的道德规范问题。[④] 借鉴吸收中西方生态伦理思想，根据当代生态发展的实践，笔者把生态伦理规范概括为尊重自然、敬畏生命、生态平衡、生态公正、绿色生产、节制消费和绿色生活七个方面。由于绿色生产、节制消费和绿色生活我们将在第五章展开论述，这里仅就尊重自然、敬畏生命、生态平衡和生态公正进行阐述。

一　生态伦理的主要规范

中国共产党的十九大报告在讲到“加快生态文明体制改革，建设美丽中国”时深刻指出：“人与自然是生命共同体，人类必须尊重自然、顺应自然、保护自然。人类只有遵循自然规律才能有效防

① 李培超：《自然的伦理尊严》，江西人民出版社 2001 年版。

② 曾建平：《环境公正：中国视角》，社会科学文献出版社 2013 年版。

③ 雷毅：《生态伦理学》，陕西人民教育出版社 2000 年版，第 285 页。

④ 余谋昌：《生态伦理学：从理性走向实践》，首都师范大学出版社 1999 年版；刘湘溶：《生态伦理学》，湖南师范大学出版社 1992 年版；余谋昌：《惩罚中的醒悟——走向生态伦理学》，广东教育出版社 1995 年版；余正荣：《生态智慧论》，中国社会科学出版社 1996 年版；卢风：《人类的家园》，湖南大学出版社 1996 年版；徐嵩龄主编：《环境伦理学进展：评论与阐释》，社会科学文献出版社 1999 年版；余谋昌：《生态哲学》，陕西人民教育出版社 2000 年版；林娅：《环境哲学》，中国政法大学出版社 2000 年版；欧阳志远：《最后的消费——文明的自毁和补救》，人民出版社 2000 年版；杨通进：《走向深层的环保》，四川人民出版社 2000 年版，等等。

止在开发利用自然上走弯路，人类对大自然的伤害最终会伤及人类自身，这是无法抗拒的规律。我们要建设的现代化是人与自然和谐共生的现代化，既要创造更多物质财富和精神财富以满足人民日益增长的美好生活需要，也要提供更多优质生态产品以满足人民日益增长的优美生态环境需要。”[①] 根据这一指示精神，按照生态伦理规范，建设生态文明，就必须坚持节约优先、保护优先、自然恢复为主的方针，坚持人与自然和谐共生的基本方略，形成节约资源和保护环境的空间格局、产业结构、生产方式、生活方式，还自然以宁静、和谐、美丽。

（一）善待自然

要善待自然，就必须尊重自然、顺应自然、保护自然。与此同时，为了获得自然的回馈，防止自然灾害给人类造成的伤害，善待自然也要求人类必须在遵循自然规律前提下合理开发利用自然，建设一种人与自然和谐共生的现代化。泰勒已经对尊重自然的生态规范做了非常系统的阐释，笔者在此不再赘述。这里想着重论述的是人类善待自然的规范，并把它视为包含顺应自然、爱护自然和改造自然三大层面加以阐述。

1. 顺应自然

老子提出了著名的“人法地，地法天，天法道，道法自然”（《道德经·第二十五章》）论断。虽然老子之“道”被誉为天地万物产生发展的总根源、总根据，但是人终归是具有能动性、自觉性和创造性的主体；尽管老子构造的人取法地、地取法天、天取法道、道取法自然的逻辑过于单线而非发散的，但是它也预示着人有责任遵循自然，应当按照自然法则行事，而不能违背自然规律。庄周推崇圣人，

① 本书编写组编著：《党的十九大报告辅导读本》，人民出版社 2017 年版，第 49—50 页。

认为他虽然有常人般的形貌，却没有常人那种带有个人偏好的情感，因此既能与常人和睦相处，又能不使各种是非扰乱自己的心智，而与天道合一："既受食于天，又恶用人！有人之形，无人之情。有人之形，故群于人；无人之情，故是非不得于身。眇乎小哉，所以属于人也；謷乎大哉，独成其天。"（《庄子·德充符》）

现代生态伦理学强调人在对自然物和环境进行改造时，应努力顺应自然、适应自然。遵循自然的成长、演变规律办事，依据春生、夏长、秋收、冬藏的节令去发现和利用规律，尽可能做到顺其自然，自然天成，不刻意人为。在顺应自然的基础上，把合自然发展的规律性与人类发展的目的性统一起来，积极适应自然，与自然相契合。不能总想着持守人定胜天的信念，力图成为自然的主人，向自然宣战，不应不择手段地向自然索取，而是像兄弟一样加以对待，以使"万物并育而不相害，道并行而不相悖"。要认识到人要长期健康生存，就要保持与自然的和谐相处，而要达到此一目的，就不能一味地征服自然，做到有所为有所不为，让自然万物休养生息，建立更多的自然保护区，切实做到资源合理开发和有效保护的统一。

2. 爱护自然

中国古人早就提出了"亲亲而仁民，仁民而爱物"（《孟子·尽心上》）的生态责任伦理命题，它展现出一种以人为本的道德人文主义理念，蕴含着用以调控人与自然关系的生态伦理情怀，表达了人类自身对自然万物的关爱之情。爱护自然的生态道德实际上是人类用以造福自身的"生存智慧"。人源于自然，依赖自然，需要自然，因而人类要想真正爱自己，就必须热爱自然。同时人与自然具有养育与被养育关系，彼此血肉相连，因而必须将爱给予自然。合乎道德理性地爱护自然，倡导的是把对自然的爱转换为人们维护自然存在的内心命令、信念或责任、义务，成为人们在感情上对自然万物关心、关爱的自觉行为，使人既不恐惧自然也不歧视自然，与自然平等相待相处，改变人与自然的分裂、敌对状态，走向人与自然之间的和谐发展。

爱护自然的生态伦理要求，不仅是一种善待自然的伦理情感，也是一种正确对待自然的实践规范，它强调我们应当用人类对待自然的态度和行为来确定善恶价值原则，这就是凡是保持生命、促进生命就是善的；而毁灭生命、伤害生命、压制生命就是恶的，人类必须依照这样的善恶观处理与自然的关系，以此指导人应该做什么、不应该做什么以及应当怎样做，从而在主体和客体、人与自然的相互关系中扬善抑恶，转变过于强势的人类中心主义的世界观、自然观和价值观，以推动社会的可持续发展，恩泽子孙后代。总之，犹如薛勇民、马兰所指出的，人类不能再自视为自然的主人而主宰一切，必须恪守人与自然协调发展、人与自然万物共存共立的原则，遵循生态运动的规律，以平等的心态对待自然万物，以开放宽容的胸怀接纳自然，将人与自然看成一个是相互依存、相互支持的生态共同体。①

3. 改造自然

许多生态中心主义者完全否定人对自然的改造、加工，这实在是矫枉过正。且不说古往今来对自然界的改造实践是人生存、享受和发展的必需，要知道，自然并不完美，并不能满足人的需要，而且，对自然的改造并不都是生态危机的根源，而只是那些过度的改造、非理性的人化、肆意的掠夺才是生态失衡的原因。相反，只有经过合理的改造，才能使大自然从无序走向有序，从不平衡走向平衡，从危害人走向有利于人。科学的生态伦理学所倡导的改造自然，其根本要义，一是尊重和遵循自然规律，按照自然界的客观尺度指导主体对客体的人化实践；二是在条件许可的前提下既可以考虑使用中小技术、有机原料（如有机肥）和工具也可以采用现代化的环保的高科技手段去改

① 薛勇民、马兰：《论儒家仁爱思想的生态伦理意蕴及其当代意义》，《学习与探索》2015 年第 3 期。

造山河、湖泊等。

儒家的生态思想和道德哲学凸显了力行抗命和天人相参的一面，力主使物、理物、成物，表达了知天、参天、胜天和制天的主体能动性和使命感，构建了由尽心知天、并育不害和强本善治理念构成的积极生态责任思想。

孟子的心性论哲学创建了尽心→知性→知天的义理结构，这就是："尽其心者，知其性也。知其性，则知天矣。"（《孟子·尽心上》）他的尽心知天说隐藏着儒家生态责任伦理的秘密，但为研究儒家生态伦理的学人所忽视。这大概是因为尽心知天表面上仅仅局限于认识论领域，而生态伦理主要侧重于调节人与自然的实践行为规则。殊不知，知天不光为应天、参天、胜天和制天提供前提，本身也是极为重要的生态责任。在孟子看来，通过"尽心、知性、知天"的途径，可以使人达到"上下与天地同流"的精神境界。孟子并不像一些宿命论者和物种中心论者断定的那样只是要人无所作为，一切听从上天和命运的安排，而是主张致力于自身的修养功夫来实现知天、事天的生态责任。

根据天人分合的思想逻辑，荀子在《天论》篇中虽然认为"唯圣人为不求知天"，并认为宇宙的天、地、人各有自己的职责，与其"思天"不如"制天"，但是，在确认天人具有不同职分，要求不可以怨天、不与天争职的前提下，他充分指明了人参天化地的责任，强调"清其天君，正其天官，备其天养，顺其天政，养其天情，以全其天功"（《荀子·天论》），认为人只有做到这样，才能知其所为、知其所不为，才能使"天地官而万物役"（《荀子·天论》）；在自然及其规律面前人不能消极等待、观望，而是在尊重、顺应的基础上使其为人所用，假借自然之力，做到"物畜而制之""制天命而用之"，积极改造自然。

《中庸》更是对人的化育工夫和参赞责任做了较为深刻的阐发。

一是创造性地提出了“致中和”的经典论断。它说：“致中和，天地位焉，万物育焉。”意思是说，如果人类使各种情感达到了中和境界，将有助于天地运行不息，也可以促成万物的生长发育。二是它称颂孔子的自然人文合一的高德：“仲尼祖述尧舜，宪章文武，上律天时，下袭水土。辟如天地之无不持载，无不覆帱。辟如四时之错行，如日月之代明。”认为孔子上可以取法天的自然节令，下能够改造水土地理，如同天地承载万物，如同四季更化，如同日月朗照。三是阐发了化育万物的理念。《中庸》云：“唯天下至诚，为能尽其性。能尽其性，则能尽人之性。能尽人之性，则能尽物之性。能尽物之性，则可以赞天地之化育。可以赞天地之化育，则可以与天地参矣。”人只要把握了宇宙天地的至诚之道，就能把握物性和人性；把握了物性和人性，就可以参与到天地的化育之中，进而与天地相并立，实现天、地、人三才的有机和谐。

对儒家阐发的参天、胜天和制天思想，一些人表示质疑，认为它不利于生态平衡和环境保护。许多人指责荀子包括“制天命而用之”内容在内的“天人相分”思想会导致人对自然的破坏，导致天人关系紧张，导致生态失衡。

的确，作为大自然的天具有化生万物和自我调节的功能，具有独立不倚的运行规律，具有自我维持生态平衡的特点，正如《中庸》所指出的“万物并育而不相害，道并行而不相悖”。就此而言，人有不干涉、不扰乱、不破坏自然生态的重要责任。但是，我们决不能由此走向不干涉主义，奉行赖汉哲学，完全摒弃以人的积极作为推动天人关系生态平衡的职责。这一则是因为自有人类以来，天人之间就是相互作用、相互联结、相互依存的，形成了宇宙命运共同体；二则是因为自然界并不是时时处处都是和谐的，既存在弱肉强食、残酷竞争，又存在莫测灾变、自然退化，使得许多动植物环境险恶，甚至存在灭绝的危险；三则是因为人是最具灵性的理性动物，天人之际彼此相通，人可以效法于天、取法于天，可以在不违背天的“意志”的前提下与之共生共存，做到与自然生物“并育而不相害”；四则是因为人通过改造自然、利用自然创造了人工自然的生态和谐。要知道，人类改变了地球，改变了世界，经过人类之手的伟大创造，无数美好的、整齐的、和谐的物质文明成果展现在我们面前，这些人化自然和天然自然一起共同构成了有机的生态系统。

如果真的像老庄道家那样完全弃绝文明更化、纯任自然无为，如果听任一些极端生态中心主义者以维护生态平衡为由不思加工改造自然万物、坐等自然的恩赐，如果像西方唯生态中心主义者那样要求人应虔敬地对待一切自然物，丝毫不能染指自然物，以至于认定要从根本上解除生态危机、维护生态平衡，人类应当放弃对自然界的任何改造，那么就会阻碍整个人类社会的文明进化，就无法把人从动物本能的生活方式中提升出来，就会妨碍人类的基本生存，更何况荀子提倡的积极有为生态伦理观也完全合乎马克思主义实践唯物主义基本精神。马克思主义指出，人既是对象性存在物，又是能动性存在物，自然界是人的无机的身体，人靠自然界生活，但是，人会通过自身的生产实践活动来取得一定的外界物，以满足自己的需要；环境改造了人，人也改造环境，而“环境的改变和人的活动或自我改变的一致，只能被看作并合理地理解为革命的实践”①。正是借助于实践，才能在人与自然的动态运动过程中实现二者的和谐共存。笔者认为，假如说是人的无序的、过度的、异化的实践活动造成了当代生态失衡的话，那么，同样只有依靠人的合理化的实践行为才能推动生态平衡。

（二）爱惜生命

尊重自然、顺应自然、爱护自然虽不等于尊重生命、爱护生命，

---

① 《马克思恩格斯选集》第1卷，人民出版社1995年版，第55页。

但进一步发展就包含敬畏生命。自然界的生命形式多种多样，既有一般生物，也有植物，还有动物。敬畏生命的生态伦理规范指向的是所有生命，而不限于解放论和权利论所注重的动物，它既包括保护动物，也包括敬畏生命和珍爱生命。当今，遵循爱惜生命的生态规范依然面临巨大的挑战：一则人类已经养成了主宰世界的习惯，业已形成了人类沙文主义和物种歧视主义的世界观和价值观；二则包括动物在内的自然生命是人类食物、营养、快乐（如区别于狩猎的打猎）等的重要来源，如果强调珍惜生命有可能损害一些人的利益；三则某些野生动植物特殊情况下会伤害人的生命及其财产，如一些地方至今不时存在野兽伤人事件。不过，笔者认为为人类的整体利益和长远利益计，应当把“爱并尊重生命”作为生态绝对命令鼓励人们遵循。

1. 保护动物

以彼得·辛格和雷根为代表的西方动物权利主义者认为动物的天赋价值赋予其不受苦的权利，而痛苦与快乐的感受能力正是道德关怀的充分条件，因此人类理应把道德关怀的对象推及一切动物生命身上。[①]

在阐述仁政思想时，孟子依据恻隐之心提出了推恩说，认为推恩不限于社会中的他人也要及于动物：“恩足以及禽兽。”（《孟子·梁惠王上》）他进一步基于“仁本论”把不忍人之心发展成为不忍物之心，强调人对动物应当表现出爱护和保护的责任：“无伤也，是乃仁术也，见牛未见羊也。君子之于禽兽也，见其生，不忍见其死；闻其声，不忍食其肉。是以君子远庖厨也。”（《孟子·梁惠王上》）这里表现出了人对其他生物的同情和眷顾。对孟子如此有关动物的仁爱思想，法国思想家阿尔伯特·施韦兹给予了高度评价，认为孔子、孟子

① 参见［美］汤姆·雷根《动物权利研究》，李曦译，北京大学出版社 2010 年版，第 80—81 页。

在伦理学原则上确定了人对动物的义务和责任，属于孔子学派的中国哲学家孟子以感人的语言谈到了对动物的同情。[①]

荀子也阐述了关爱万物的生态责任思想。他凸显了出于关爱万物的仁者情怀。基于自然理性的精神，荀子指出：

> 圣王之制也，草木荣华滋硕之时则斧斤不入山林，不夭其生，不绝其长也；鼋鼍、鱼鳖、鳅鳣孕别之时，罔罟毒药不入泽，不夭其生，不绝其长也；春耕、夏耘、秋收、冬藏四者不失时，故五谷不绝，而百姓有余食也；污池、渊沼、川泽谨其时禁，故鱼鳖优多而百姓有余用也；斩伐养长不失其时，故山林不童而百姓有余材也。（《荀子·王制》）

作为前现代思想家，荀子这一“不入山林，不夭其生，不绝其长”的自然责任伦理也许是朴素的、原始的，是自然经济时代的呼喊，不过它对自然存在的珍重和关爱，毕竟有助于化解当代严重的天人对立，毕竟超越了西方契约型的自然责任观念。

从狩猎到驯养动物，是人类生产文明和生活文明的历史性进步。在当今，养殖业仍然是农业一门重要的产业，它与种植业并列为农业生产的两大支柱，它是人类获取动物蛋白的重要来源。如果像一些极端生物中心主义者和动物保护主义者那样追求所谓的动物权利与动物解放，要求绝对不占有动物、享有动物，既不可能也无必要。

科学又现实的生态伦理提倡的生命道德规范在汲取它们“合理内核”的基础上，基于动物（野生动物除外）作为特殊的生命存在具有与人一样的意识、情感、伦理、生死、偏好、感觉、记忆、认同感

---

① 参见［法］阿尔贝特·史怀泽《敬畏生命》，［德］汉斯·瓦尔特·贝尔编，陈泽环译，上海社会科学院出版社 1992 年版，第 72 页。

等，具有内在的“天赋价值”，同时它们是人类的伙伴、朋友，是人类快乐、享受的来源（正因如此，许多人才养宠物），而且动物具有软弱的一面，许多种类面临灭绝的危险，在一定意义上，人与生物之间是平等的，因而虽然不一定承认动物具有权利，却应主张对动物进行合理的保护与爱护，使其不致受到伤害，强调以一种同情之心对动物给予眷顾、关爱。一般地说，凡是带来痛苦的行为就是恶的，凡能带来快乐的行为就是善的，动物具有苦乐的感受性，因而如果不影响对人的善，那么杀生或伤害动物就应判定为恶的。特别是对一些珍稀动物、濒危动物，更是要采取多种有效的措施加以格外的保护。

2. 敬畏生命

敬畏生命是敬畏自然的特殊体现，也是所有当代生态伦理学流派共同推崇的规范。20 世纪伟大的人道主义者、法国思想家阿尔贝特·史怀泽创立了“敬畏生命”伦理学，认为真正完整的伦理学不能只涉及人对人的关系，而必须同时涉及人和一切生命之间的关系；只有当人认为所有生命都是神圣的时候，他才是伦理的。[①] 他严厉抨击把自然看成是无声的、僵死的、无生命的物质的科技理性主义。[②] 史怀泽反对杀生，积极参加动物保护运动。他如前所述主张把一切有生命之物都纳入道德义务的范围：“只有体验到对一切生命负有无限责任的伦理才有思想根据”[③]；认为应当敬畏一切具有意志的生命，而不限于人类生命：“善是保持生命、促进生命，使可发展的生命实现其最高的价值。恶则是毁灭生命、伤害生命，压制生命的发展。”[④]

---

① 参见［法］阿尔贝特·史怀泽《敬畏生命》，［德］汉斯·瓦尔特·贝尔编，上海社会科学院出版社 1992 年版，第 9 页。

② 参见［法］阿尔贝特·史怀泽《敬畏生命》，［德］汉斯·瓦尔特·贝尔编，上海社会科学院出版社 1992 年版，第 129 页。

③ ［法］阿尔贝特·史怀泽：《敬畏生命》，［德］汉斯·瓦尔特·贝尔编，上海社会科学院出版社 1992 年版，第 9 页。

④ ［法］阿尔贝特·史怀泽：《敬畏生命》，［德］汉斯·瓦尔特·贝尔编，上海社会科学院出版社 1992 年版，第 9 页。

人类之所以要敬畏生命，在笔者看来是由于：其一，世界上所有生命都是平等的。每一个生命有机体都是以生存为目的和中心，站在整个世界的角度看，人虽然天生就比其他生物优越，但就宇宙的整体性、平衡性、悠久性、目的性来说，所有物种都是平等的，因此人类对其他生命理应采取尊重的态度。其二，人类与宇宙中的生命属于命运共同体。动植物与人是同类，彼此同源同体、休戚与共，具有感受能力，借此人类在千万年的种族演化过程中形成了生命共同体意识。人类要长久延续下去，就应当善于关怀生命、敬畏生命、同情生命、怜惜生命，把恻隐之心不光推及我们人类的同类，更应该进一步推广到宇宙中的一切生命存在，决不能对生命的生存境遇冷眼旁观、麻木不仁。其三，任何生命都具有内在价值和外在价值。大自然一切生命体不仅对自身的生存、发展和享受具有意义，对人类也具有生存、审美、快乐等价值。因而我们必须学会尊重生命，把所有的生命视为拥有内在价值和道德地位的实体加以关心和照顾，在不违背人的根本利益的前提下，履行对它们不作恶、不干涉和敬重、公平、平等等各种义务。

3. 珍爱生命

董仲舒把仁的精神普遍化，将爱的对象推广到一切动物："质于爱民，以下至于鸟兽昆虫莫不爱。不爱，奚足以谓仁?"[①] 宋明理学家特别重视生命的价值，强调不杀生的伦理责任。朱熹鲜明地体悟到"昆虫未蛰，不以火田。不麑，不卵，不杀胎，不殀夭，不覆巢"[②]。彰显出实现天人内外和谐的根本原理。明代东林学派儒者高攀龙在《高子遗书·家训》中更是多次告诫家人要以"仁心慈念"珍爱生命，认为"少杀生命最可养心，最可惜福"。"省杀一命于吾心有无

① （汉）董仲舒：《春秋繁露·仁义法》，张世亮、钟肇鹏、周桂钿译注，中华书局2012年版，第316页。

② 《礼记·王制》，《礼记正义》上，（汉）郑玄注，（唐）孔颖达疏，龚抗云整理，王文锦审订，李学勤主编《十三经注疏》，北京大学出版社1999年版，第373页。

限安处，积此仁心慈念，自有无限妙处。此又为善中一大功课也。”这必定推动人依靠一种强烈的仁爱之心的精神动力去珍爱生物、保护动物。

过去，我们更为凸显的爱生命大多局限于人的生命，包括自己的生命和他人的生命。生态伦理学要求我们把仁爱的情怀推及世界所有生命当中，不仅泛爱众，也要泛爱生；以一种“民胞物与”的态度对待天地之中鸟兽昆虫等一切生命体，把它们当成自己的兄弟姐妹一样呵护、关照、帮助。珍爱生命的规范并非强求绝对不杀生——不伐木、不杀兽、不杀胎等，它既尊重不杀生的一些宗教戒律，也不完全否定部分人吃食动植物的权利，只是它要求人不要轻易去杀生，更不能滥杀无辜，除非动物威胁到人的生命，除非动物大量传染疾病，除非动物带来生物入侵，在万不得已的情况下才可伤害或牺牲某些生命，以此尽到惜生爱物的关爱责任。当然，不仅善与恶会产生冲突，善与善之间、恶与恶之间也好产生矛盾，这就要求我们在对动物而言的善恶与对人而言的善恶之间进行仔细权衡，只要没有损害对人类的善，就应把珍爱生命放在优先位置。

（三）取予有度

自然界万物呈现出时间性和有限性两大特点，相应地人们应当遵循顺时取物、用之有节和取予有度的行为律令。

1. 顺时取物

时间和空间是世界万物的本体存在方式，而动植物的生长、发育都遵循一定的节律变化规律，正是由动植物的时间性决定了人类应当确立顺时待物的生态道德责任。

先秦儒家把周易的时变原则贯彻到处理人与动植物的关系中，提出了顺时取物的责任伦理行为规范。孔子指出“断一树，杀一兽，不以其时，非孝也”[1]。虽然这一论断带有泛孝主义的色彩，但毕竟表达了依时取物的理念。在《孔子家语》中，孔子讲：“启蛰不杀，则顺人道；方长不折，则恕仁也。”[2] 且不说《孔子家语》的真实性，至少该论说从一定角度体现了孔子顺时取物的生态道德观点。以大孝闻名的孔子弟子曾子提出了与先生几乎相同的主张：“树木以时伐焉，禽兽以时杀焉。”[3] 强调要按动、植物的时间生长规律行事。孟荀儒学进一步对顺时取物思想进行了阐发。孟子认为：“不违农时，谷不可胜食也；数罟不入洿池，鱼鳖不可胜食也；斧斤以时入山林，材木不可胜用也。”（《孟子·梁惠王上》）而一向标榜非孟的荀子在按时取物的理念上也做了相同的阐发：“春耕、夏耘、秋收、冬藏四者不失时，故五谷不绝，而百姓有余食也；污池、渊沼、川泽谨其时禁，故鱼鳖优多而百姓有余用也；斩伐养长不失其时，故山林不童而百姓有余材也。”（《荀子·王制》）

也许有的人会说，在科技不发达的农业文明时代，不可能有反季节生产，顺时取物不过是不得已的选择；况且，孟荀所说的不可胜食、不可胜用和余食、余用、余材都不过是出于功利主义的考虑，因而所谓的顺时取物既不高明也不高尚，无任何道德价值可言，不能称为生态责任伦理观念。殊不知，或是由于无知无畏，或是由于巧取豪夺，或是由于急功近利，现实生活中并非所有人都能做到有节制地依时取物。而且，儒家是基于伦理主义或合理功利主义的价值观考虑看待顺时取物责任规整的。由上述可知，孔子直接明了地从孝道、仁道、恕道等人道主义的道德义务高度强调“启蛰不杀”和“方长不折”的责任诫命，孟荀更是把关爱自然、顺应自然纳入仁政圣制政治

---

① 《礼记·祭义》，载《礼记正义》下，（汉）郑玄注，（唐）孔颖达疏，龚抗云整理，王文锦审订，李学勤主编《十三经注疏》，北京大学出版社 1999 年版，第 1333 页。

② 杨朝明、宋立林主编：《孔子家语·弟子行》，齐鲁书社 2013 年版，第 141 页。

③ 《礼记·祭义》，载《礼记正义》下，（汉）郑玄注，（唐）孔颖达疏，龚抗云整理，王文锦审订，李学勤主编《十三经注疏》，北京大学出版社 1999 年版，第 1333 页。

责任的王道主义框架之中。

2. 用之有节

在生态伦理领域建树方面，儒家不仅创发了“取予有度”的责任律令，还提出了“用之有节”的行为规范，从而确立了节用的道德责任。儒家并没有系统创建过节用责任伦理学说，但是从两方面阐发了相关理念。

（1）为政之道的用之有节

谈到治国方针时，孔子指出：“道千乘之国，敬事而信，节用而爱人，使民以时。”（《论语·学而》）朱熹在《论语集注》中把这段话理解为敬事、信任、节用、爱人和使民以时“五者”，但他同时又引证《易·彖·节》经文“节以制度，不伤财不害民”加以解释说：“盖侈用则伤财，伤财必至于害民，故爱民必先于节用。”[①] 显然依照周易的论说孔子的话讲的理应是三层意思而不是朱熹所说的“五者”，孔子的思想所要表达的正是因民信而敬事、因爱人而节用，前后构成因果关系。虽然孔子这里讲述的是治理诸侯国的行为原则，而不是直接针对天人关系的生态伦理，但是，犹如朱熹所言，侈用必伤财，而伤财必浪费自然资源；而且，奢侈消费必定害民，必定与民争利，与民争利又必定驱使民众获取自然资源。故此为政者的节用不仅是一种政治责任，也是调节人与自然关系的生态责任。

无独有偶，孟子同样立足于民本主义王道也一再倡导节制的责任要求。他说：“贤君必恭俭礼下，取于民有制。”（《孟子·滕文公上》）孟子深刻地认识到，民为邦本，而依赖土地搵食的广大民众求生唯难，故而强调圣贤的君主应当以恭敬节俭为己任，礼贤下士，同时要善于体恤民众，有节制地获取民利。尽管孟子旨在提倡以民为本的执政理念，却暗含着生态伦理的指向。这是因为，做到恭俭和有

① （宋）朱熹：《四书章句集注·论语集注》，中华书局2011年版，第51页。

制，不但自己可以节省财物，减少向自然的索取，不致奢侈贪婪，而且不会向百姓横征暴敛，并因此加剧民众的生存欲求与自然界资源之间的紧张。

在论述富国之道时，荀子围绕人与物的生态问题做了更为明确、较为系统的阐发。基于“欲恶同物，欲多而物寡，寡则必争矣”（《荀子・富国》）的现实，荀子认为要保持自然资源和人类社会的协调发展，就必须“节用裕民而善臧其余。节用以礼，裕民以政”（《荀子・富国》），就必须“谨养其和，节其流，开其源”（《荀子・富国》）。可以说，“节用裕民”与“节流开源”充分体现了天人分合的宇宙观思想，它不失为保持人与自然生态平衡的根本大法。撇开“裕民”“谨养其和”和“开其源”不论，仅就“节用”和“节流”来说，它表明人类要与自然和睦相处，要维持自然万物的生态平衡，就不能不将节约用度视为神圣的责任，就应避免过分消耗从自然界占有的宝贵资源。

（2）为人之道的用之有节

自古以来，中国人就推崇节俭反奢，不论是道家、法家、墨家还是儒家，虽然道与术都有所不同，甚至出现分裂，却在提倡节用义务方面达成一致。《左传》庄公二十四年曰：“俭，德之共也；侈，恶之大也。”[①]《管子・禁藏》讲：“故适身行义，俭约恭敬，其唯无福，祸亦不来矣。骄傲侈泰，离度绝理，其唯无祸，福亦不至矣。”[②]《老子》第二十九章说：“圣人去甚，去奢，去泰。”《墨子・辞过》云：“俭节则昌，淫佚则亡。”[③] 孔孟荀因其重礼而主张厚葬、长丧受到古人和今人共同诟病，但与此同时他们又无一不倡导节约俭朴。在奢侈与节俭

---

① 《左传・庄公二十四年》，《左传》上，郭丹、程小青、李彬源译注，中华书局 2012 年版，第 262 页。

② 《墨子・辞过》，吴毓江撰，孙启治点校：《墨子校注》上，中华书局 2006 年版，第 47 页。

③ 《管子・禁藏》，黎翔凤撰，梁运华整理：《管子校注》中，中华书局 2004 年版，第 1013 页。

两种价值之间，孔子明确选择了后者："奢则不孙，俭则固。与其不孙也，宁固。"（《论语·述而》）孔子之所以看重节俭而放弃奢侈，就在于从后果上他认定与其不谦逊不如寒酸一点。他还说："礼，与其奢也，宁俭；丧，与其易也，宁戚。"（《论语·八佾》）本来，孔子儒学重礼、尚礼，不谦逊意味着越礼、违礼，因而为儒家所不许。可是，在同因节俭带来的寒酸相比，孔子宁愿加以舍弃而选择过一种俭朴的生活，足见他非常推崇节俭道德。作为一种个人性美德，节俭无疑从广泛意义上包含了对自然资源的爱惜和珍惜。

荀子的节俭观点更为鲜明、也更为直接，在如何对待天人关系、力命关系问题上，他凸显了人的主体能动作用和责任担当意识，他说："强本而节用，则天不能贫。"（《荀子·天论》）荀子是想告诉我们，人类即便在一定程度上要"靠天吃饭"，如果夯实农业这一根本，注意精耕细作，同时又厉行节约、适度消费，就是有时无情的自然之天也不能使人陷入贫困境地。由此可见，强化生态责任观念，克制个人的不当欲望，追求一种俭朴生活方式，是实现天人和谐的伦理根基。

尤其是荀子构想了节流开源的责任论说。他指出："夫天地之生万物也，固有余足以食人矣；麻葛、茧丝、鸟兽之羽毛齿革也，固有余足以衣人矣。夫有余不足，非天下之公患也，特墨子之私忧过计也。"（《荀子·富国》）天地自然产生了万事万物，既为人类的物质生活提供了天然资源，也为人类的物质生产创造了一定的基础。但是，大自然不可能完全自发地、无止境地满足人类日益增长的需要，物与欲之间就像荀子反复申说的那样始终存在矛盾，只有"强本而节用"，才能达到"天不能贫"，才能做到"固有余足"。在《荀子·富国》中，荀子同样提出了与"强本节用"类似的观点，他强调要"谨养其和，节其流，开其源"。假如说"开源""强本"体现了"天人之分"的理念、彰显了人类试图利用自身的主体能动性去改造自然的话，那么“节用”“节流”就反映了“天人合一”的律令，显现了人类必须克制自身无止境、不合理的欲望和奢侈性消费的义务导向。

节用责任赖以成立的根本理据就是荀子反复强调的欲与物之间的矛盾。首先，自人类诞生以来，这一矛盾就伴随始终。虽然从原始儒学发展到近代儒学，其生成和发展的土壤为小农自然经济，人们的欲望被压制，不是那么强烈，但是，社会生产力毕竟低下，因而人与物之间存在着紧张关系，为此历代儒家必然要用节用、节俭的责任伦理去调节人类社会同自然物资之间的关系，以保持二者之间的平衡。其次，人的欲望具有过当性而资源具有有限性。总体来说，自然资源禀赋是相对有限的，尤其有许多是不可再生的，即使人类运用自己的主观能动性、借助于工具理性对自然物进行加工改造所提供的产品也不是无限的，天然资源和人工资源连所有人的基本需要都不能完全满足，更何况社会中一部分人的欲望即使在儒学所处的短缺经济时代也具有膨胀性、无止境性。为解决人和物之间的本体性供需矛盾，以既能满足人的正当性需求又不对自然界造成破坏，维持人与物之间的生态平衡，儒家必定要倡导注重节用的伦理义务要求和“存天理灭人欲”的节制责任诫命。再次，自然资源分配不均衡。儒学所处的社会是一个存在等级差别的社会，无论是权力、身份、名誉等社会资源还是土地、人口、矿产、森林等自然资源，在不同人群中间分配往往不均等，一些权贵者和富有者常常出现奢侈性消费、炫耀性消费、过度性消费行为，它们既会造成与民争利的虐民现象，又会在一定程度上危害生态平衡，为遏制这些现象的滋生，儒家势必提出用之有节的适度消费主张。

中国古代，思想家也好，普通民众也好，强调节俭、节用、节约主观动机上更多的可能是出于资源的短缺、生活的贫困而做出的无奈被动的选择，也许还包含着维持社会生态平衡的责任考量。但是，应当肯定，他们所持守的节用责任伦理客观上有助于培养当今为人们提倡的绿色消费观念、绿色消费习惯和绿色消费生活，有助于促进人与自然之间保持必要的生态张力。要践行节用责任殊为不易，古今中外概莫能外。犹如宋代思想家、政治家司马光在《训俭示康》中所言："顾人之常情，由俭入奢易，由奢入俭难。"即便如此，仍然要以"不可为而为之"的强烈责任感加以推行，以确保人的生活消费不至突破生态环境的承受能力，不至超过自然资源的限度。不论是主张生态中心主义，还是持守人类中心主义，恐怕都不会否认人类必须树立节流开源、强本节用的责任心；不论是为了保持生态平衡和自然资源的持续发展，还是出于当今人类科学生产和合理生活的考虑，抑或是为了人类永续发展或为后代着想，都务必把荀子所倡导的节流开源、强本节用作为一种人与自然和谐相处的神圣责任确立起来。笔者深深感到，现今人类所要承担的责任和践履的义务诚然无限多样，可要实现的最大责任就是荀子讲的节流开源、强本节用，这不啻是解决人类生态危机的根本之道。

（3）取予有度

生态危机、环境恶化的重要根源之一就是人类过度获取自然资源，就是人类针对自然的过分掠夺行为，因而要解决这些困境，就务必做到取予有度。所谓取予有度，表现在人和自然的对象性占有关系上，就是彼此的得到和付出都要保持一定的限度，它对人提出了这样的义务命令：人与自然的物质、能量和信息交换，既要同人的正常的需要度相吻合，又不能超过自然之物的承受度。

儒家从内在的仁义之心出发，为了保护外在自然生物的生态链平衡，强调人有节制、有限量地取用万物。孔子说：

> 刳胎杀夭则麒麟不至郊，竭泽涸渔则蛟龙不合阴阳，覆巢毁卵则凤凰不翔。何则？君子讳伤其类也。夫鸟兽之于不义尚知辟

之，而况乎丘哉！[①]

这里，孔子指出，如果采用刳胎杀夭、竭泽而渔、覆巢毁卵之类的无节制行为，就会伤害动物的生态环境，这些伤害同类的恶行为君子所不耻。孔子还进一步提出了影响深远的“钓而不纲，弋不射宿”（《论语·述而》）命题，由此表明他反对过量捕杀动物，强调珍爱自然生命，维护生物休养生息，以免造成资源枯竭，从而确保资源的再生性和生物的平衡性。

孟子和荀子虽然并没有上升到普遍道德哲学高度论述取予有度的责任伦理，但是，在阐述仁政、义政、礼政的王道政治过程中，指明了人所应当遵循的节度伦理诉求。如前所言，孟子认为只要“数罟不入洿池”，则“鱼鳖不可胜食也”（《孟子·梁惠王上》），而荀子则要求“鼋鼍、鱼鳖、鳅鳝孕别之时，罔罟毒药不入泽，不夭其生，不绝其长”（《荀子·王制》），《礼记·王制》中规定“天子不合围，诸侯不掩群”[②]，要求天子诸侯打猎时不要杀伤过多，以免造成生灵的灭绝。

对孔孟荀的取予有度伦理思想不能做绝对化理解，而应做相对的把握。一是遵守一定的界限。儒家并不像某些极端生态中心主义者那样要求绝对不杀生，而是出于生态的义务心考虑认为为了取物可以杀生的同时强调惜生、重生，强调不突破基本的行为底线，反对狂捕滥杀，做到不断绝动植物的正常生长——不夭其生、不绝其长。二是一些特殊人群可以例外。人类运用“理性的狡计”采用工具去改造自然、利用自然时必须加以合理选择，如果说采取毒药这一物化主义非常手段去捕鱼在古今中外任何社会都应加以禁止的话——它既会导致

---

① （汉）司马迁：《史记·孔子世家》，中华书局2009年版，第326页。

② 《礼记·王制》，《礼记正义》上，（汉）郑玄注，（唐）孔颖达疏，龚抗云整理，王文锦审订，李学勤主编：《十三经注疏》，北京大学出版社1999年版，第373页。

鱼群的灭绝也会伤害人的健康，那么对那些以打鱼为生的人群来说应当尊重他们的权利，允许他们以网捕鱼——当然前提是要尽到保持整个鱼群休养生息的生态义务。

二　生态伦理的核心原则

根据不同标准，人们提出了多种多样的生态伦理原则和环境伦理原则。例如一些人阐发了环境正义原则，认为它是环境权利与环境义务之间的平衡，要求享受环境权利的人要履行相应的环境义务，从形式上看它分为两种形式，即分配的环境正义和参与的环境正义。囿于篇幅，本小节重点论述生态平衡和生态公正两大原则。

（一）生态平衡

自从工业革命以来，人类运用经济性组织加快了生态循环的周期，干扰了自然界生态系统的正常运行，成为影响人类自然生态和人文生态的重要环节，人类对环境的侵蚀直接导致了整个生态系统的失衡，进而引发了生态危机。当前，环境恶化已成为一个重大的国际性问题。西方发达国对全球资源的掠夺性开发，是当今全球性环境破坏的总根源，诸如沙漠扩大化、环境污染、全球气候变暖（温室效应）、森林减少、臭氧层稀薄、干旱、资源急剧减少、水危机等一系列与环境有关的问题日益引起全球关注。在中国，环境恶化以及环境、资源和人口之间的矛盾同样十分突出。环境问题的产生原因固然十分复杂，但它主要是由于工业革命以来伴随着工业化、城市化的快速发展所引发的，绝大多数先发现代化国家基本上采取先污染后治理的路子。中国虽然也制定了许多环保配套条例、制度，并采取了许多保护环境的措施，但由于中国工业基础较为弱、底子薄，生产力还不十分发达，科技水平低，设备落后，同时工业化城市化速度较快，导致中国环境破坏同样较为严重。

生态平衡既指自然环境要素如动物、植物、微生物等的和谐相处，又指文化环境要素之间的均衡发展，而主要的则是人与环境之间保持一种有机联系、共生共存的关系。基于此，要实现创建美好环境的愿景，就要在环境建设上努力遵循生态平衡的原则和理念。

人类所处的生态环境是一个不可分割的整体，所有生物、生物与非生物之间都进行着物质循环和能量交换，互相依赖、互相制约。人类作为具有自我意识、理性精神的智慧动物，不论是为了自身更好更长远的发展，还是出于自然系统内在价值的发现、认同，都必须致力于维护整个生态的平衡，把生态价值作为人类的共同价值体系来思考和处理，在改造自然的活动中注重维护生态平衡。在人类面临沉重的生态危机的背景下，应当把维护和促进生态系统完整稳定视为人类应尽的义务，以推动人与自然的共生最大化，为人类未来可持续发展提供道德规范。

保持自然生态平衡，要切实保护生态平衡系统。自然资源总是有限的而不是无限的，有时十分脆弱；同时我们所要追求的效益是经济效益、生态效益、社会效益的综合体，不能只讲经济效益，有时甚至要坚持生态效益优先。基于此，应推行可持续发展模式，充分发挥资源环境约束倒逼机制，建设可持续利用的资源保障体系，切实保护水资源、森林资源等；科学确定各类利用资源规模和时序，优化资源的配置，严格控制资源消耗，提高资源利用效率；改变传统生物资源开发利用方式，以保护生物为重点，发展生态经济，充分利用现代化高科技手段发展绿色农业、环保产业，鼓励和支持包括风力、生物质能、沼气、太阳能、潮汐、地热能等新能源产业发展；进一步做好顶层设计，深化改革，完善生态保护与污染防治的法律制度，强化经济绿色转型、增强绿色生产方式与内生动力、市场长效机制建设、绿色消费、社会行动社会监督社会共治，突出各部门的生态环境保护监管责任；实施重要生态系统保护和修复重大工程，推进生态安全屏障保护修复、国土绿化行动、国土综合整治、天然林资源保护、退耕还林还草和退牧还草、防沙治沙和水土流失综合治理、河湖与湿地保护恢复、濒危野生动植物抢救性保护等，对重大生态工程建设，给予必要的资金扶持、政策支持，并与生态保护红线、自然保护区监管、生态空间管控等结合起来，强化用途管控。一句话，要加快经济增长方式的转变和经济结构的调整，防止对资源的掠夺性开发。

（二）生态公正

生态公正本质上就是环境公正。虽然在西方理论中公平与正义存在一定的区分，但一般来说公正与公平、公道、正义、平等属于近义词，它是指人们基于某种自然社会现象或关系呈现出来的应当如此、合理适当特质，如工作与报酬之间、权利与义务之间的相互适应。公正不仅有环境公正或生态公正，还包括经济公正、政治公正、法律公正、文化公正、科技公正、教育公正，等等。环境公正是指在对环境资源的利用过程中权利和义务责任、所得与投入相适应、相对等。根据不同标准，生态公正或环境公正可以分为不同类型。有的把环境公正分成程序意义上的环境公正、地理意义上的环境公正和社会意义上的环境公正。[①] 曾建平在《环境公正：中国视角》一书中，有时把环境公正分为国际环境公正、环境族际公正、环境域际公正、环境群际公正、环境性别公正、环境时际公正六大方面；有时他从共时态和历时态角度把环境公正分成种际环境公正、代际环境公正和代内环境公正；此外，他还对环境公正的意义、视域、始源含义与拓展含义、社

---

① 朱贻庭主编：《伦理学大辞典》，上海辞书出版社 2002 年版。

会根源与理论根源和环境责任等问题做了深刻阐释。[①] 我们主张根据生态的层面，将生态公正的道德规范分为资源分配公正、自然环境公正和保护责任公正。

1. 资源分配公正

环境与资源息息相关，正是对资源的掠夺、开放、占有才导致环境的破坏，而环境对人的价值虽然表现为多个层面，重点还是其资源的价值，对水环境、空气环境、土地环境、植被环境等的损害意味着对资源的伤害，如何分配、使用、占有自然资源，同样牵涉环境族际公正、域际公正、群际公正。客观上，地球自然资源禀赋不仅总体上是有限的，且天然存在国际差异、地区差异、人群差异，有的地区资源丰富，有的则贫瘠，而且资源种类分布也不均衡，可以说老天爷在资源分配上存在不公。主观上，自近代以来，一些国家、一些地区、一些人对资源的争夺也导致极大的不公平。有的借助于武力对殖民地进行疯狂的掠夺，有的依靠资本、经济的优势进行不平等的资源交换，有的凭借高科技的优势占有落后地区的资源，等等，这些导致了世界上资源分配严重失衡。要解决由资源引发的东西、南北发达与不发达问题，实现资源的合理配置，除了要推动法律公正、政治公正、经济公正外，还必须运用生态伦理学的公正准则加以调节。

首先，要基于广大发展中国家人民的生存权和发展权，要尊重每个地区、每个人的资源享有权、开发权，尤其是对落后地区、人群、农村、少数民族的资源处置权、收益权给予重点照顾。其次，尊重所有社会群体利用资源进行发展、生产、消费的权利，提高生活水准、推动经济增长、改善人的生存境遇、追求幸福生活、合理人口增长的权利，特别是要帮助贫困地区、弱势群体解决资源与发展之间的矛盾。再次，反对资源霸权主义、帝国主义、沙文主义，

① 曾建平：《环境公正：中国视角》，社会科学文献出版社 2013 年版。

反对利用资本、技术、军事等手段巧取豪夺他国的资源，不同国家、不同地区之间开展的资源贸易也应坚持自愿原则、公平原则、对等原则，对损失的一方应当进行一定的补偿。最后，坚守环境时际公正原则，积极推动资源和环境的代际公平。鉴于环境质量的急剧下降、不可再生资源的减少乃至灭绝、人类获取自然资源能力有限，当代人应当出于对未来人生存、享受和发展需要的长远考量，放弃一部分利益，努力谋求当代人和后代人在利用自然资源、享受清洁环境、谋求生存与发展上权利等方面的均等，实现自然资源、环境、机会的代际公正分配与利益共享。总之，资源分配公正强调的是公平使用地球共享资源或人类共同财产，主张各国共同地为各自的目的而均等地分享地球资源。

2. 自然环境公正

自然环境公正既包括种际环境公正，又包括代内环境公正，前者又分为公正对待自然物种之间的环境和公正对待不同物种环境与人的环境两个方面，后者虽然可以分成不同民族、地域、群体等的环境公正，但以群际环境公正为主体。

（1）公正对待自然物种之间的环境

当今人类应当超越狭隘的强势人类中心主义，克服环境的人类中心偏向，认识到环境不仅指向影响人类生活的外在条件，还指向自然物种的外在系统，建立“共境”的概念范式。应当说，迄今为止，关于在对待物种环境问题上人类体现了许多不平等、不公正的思维和行为。每一生物、动植物各有其自己的环境：马有马的环境，牛有牛的环境，生存空间和成长环境各有差异。有的出于宗教信仰的教条对有的动物环境漠不关心，有的出于个人的偏好歧视不喜欢的动物及其环境。我们固然要尊重社会主体不同的信仰、偏好并以此处理各种在对待和把握与自然环境之间的关系，这也是环境公正的体现；但是，总体上世界万物是平等的，都拥有自身的价值，因此对不同的物种及其环境应当一视同仁，而不能有所偏颇。

（2）公正对待不同物种环境与人的环境

一直以来，由于环保意识、生态意识不强，以及强势人类中心主义观念作祟，许多人只是注重内在的人的自然环境而忽视外在的物种环境，导致物种环境与人的环境的分离，并形成对自然环境的不公，进而造成生态环境的破坏。反之，一些极端生物中心主义者、环保主义者为了所谓的自然价值、维护动物的权利，强调压抑人的欲求、抑制经济发展、抵制现代工业等，主张不能以人的环境改善为借口而损害自然环境。显然，这两种伦理观点各自走向极端、各有偏颇，人为地制造了人与自然、自然环境与社会环境之间的矛盾。

真正具有现实性的生态公正应是在保护自然环境与完善人的环境之间保持必要的张力，既不能以牺牲人类的发展为代价一味地保护自然环境，也不能以牺牲自然环境为代价去追求人的发展；既要维护人类自身生存和发展的权利，又要尊重自然界其他生物生存和发展的权利；既要重视人与人之间利益关系的平衡，又要重视人与自然之间利益关系的平衡。

（3）公正对待不同人群之间的环境

世界上生活在不同国家、地区的人群所处的环境不一样，有的环境资源丰沛，有的极为贫乏，因而承受的环境压力、资源约束千差万别，为此，在改善环境、整治环境的责任分配上应该体现出差异性，应当与获取的利益相一致。要解决由大量的生态环境问题所引发的人与人之间、人群与人群之间生态利益冲突，就必须对占有优势资源环境较少的群体在可能的条件下给予一定的照顾甚至补偿；而那些资源禀赋较好、从环境中取得的收益多、生态环境治理能力强的人群，应要求他们承担更大的环境责任。至于破坏自然资源、环境的肇事者应当追究其罪责，使之因自然的“惩罚”和生态保护的责任付出更大的代价。

3. 保护责任公正

第一，发达国家承担更大生态环境保护责任。

《里约宣言》提出了“共同的但又有区别的责任”原则，这表明，由于发达国家的现代化造成的环境污染最大最多，按照均等原则，为防止全球资源受到更大的损害，它们应当负有控制污染的主要责任，如此才能体现自然资源分配的公平原则。就发展中国家和已经工业化国家的比较而言，发展中国家由于贫穷而被迫以不可持续的方式开采森林、土地等资源，而发达国家则把那些污染重、耗费资源多的产业转移到不发达国家进行生产，甚至将大量废弃物、垃圾向发展中国家以所谓贸易的方式转移，这也是发达国家理应承担保护生态、控制污染主要责任的重要原因。《斯德哥尔摩宣言》指出：“各国按照《联合国宪章》和国际法原则，有主权依据它们各自的环境政策开发它们各自的资源。”这是对地球环境资源弱肉强食原则的否定，充分体现了环境公平的原则。当然，即便是一些发展中国家如中国、印度等，由于人口基数大、发展速度快，所需要或消耗的地球资源比较多，在节约资源、控制成本、减少污染、保护环境等方面同样要履行相匹配的更大责任。

第二，资源消费更大者承担相应的生态环境保护责任。

目前，国际上一些人遵循强盗逻辑，明明是大地有限资源的最大受益者却以种种理由推卸责任，这显然是不公平的。应当赋予环境资源主权以环境道德公平的意蕴。真正的生态公正伦理，要求按照因时因地因人而异的原则承担与之对应的义务。相比较而言，世界上的富裕人群、有钱阶层消费的水气、石油、煤炭、矿石、土地、动植物等地球资源比其他群体多，生产生活造成的环境污染更大，获取的利益也更大，因而他们应当承担比别人更多的生态环境保护责任。生态环境公平是为一定的生产方式和生活方式服务的，以既保证该种生产生活方式创造出极大的高效率和舒适度，同时又确保生态环境的效益最大化。据此，必须推动、督促不同国家、不同地区的不同人群，要根据自身所消耗、占有、生产的资源承担相应的生态环境保护责任，注重绿色生产和低碳生活，以防止造成环境资源利用不足或过度浪费，促进环境资源的合理利用。

第五章

生态伦理的生活祈向:绿色简约生活

绿色简约生活是生态伦理思想在当代创造性转化与创新性发展的具体体现和展开，是生态伦理思想在现代生活方式中的更新和递进，更是现代人应具备的一种生活理念和价值取向。总体而言，绿色简约生活作为一种崭新的现代生活方式而被提倡，是建立环保低碳型、资源节约型、环境友好型社会，推进美丽中国建设、实现人与自然和谐并存的有效途径，也是生态伦理思想在现代生活中的继承和实践，值得我们每一个人去践行。

一　绿色简约生活的本质内涵

顾名思义，绿色简约生活提倡“绿色”而“简约”的生活，蕴含凸显“道法自然”“并育不害”“与物同体”“取予有度”“顺时取物”的“绿色”之意，旨在尊重自然规律、保护生态环境、维护生物链平衡；重视“节用裕民”“强本节用”“修旧利废”“轻车简从”“食不重味”的“简约”之法，旨在节约自然资源、坚持可持续发展和培育循环经济。

（一）绿色生活

绿色生活是以环境伦理思想为价值指向和行为规范的一种新型的

人类生活方式，它强调人与自然生态的和谐共生，主张尊重生态规律和维护生态平衡。个人作为绿色生活方式的行为主体和价值承载者，需要对以往旧的生活方式做出反省和改正。例如，购买支持循环使用的商品，放弃使用一次性制品；进行合理性消费，杜绝过度、炫耀性消费；双面使用纸张，减少林木砍伐；使用节水、节电的低耗能装置，节约资源；践行生活垃圾分类，减少生活垃圾污染等绿色环保行为，这是就绿色生活的具体方面而做的阐释。

绿色生活究其本质而言，人类与自然生态形成和谐共生的生命共同体是它的基本价值取向。同时，作为行为主体的人类通过对人与自然关系的反思，达成自身的“生态意识”自觉，进而通过生活实践活动形成人类与自然和谐互动的一种生活方式——绿色生活。正如肖群忠所言：“日常生活是人的一种自在性、自主性的生活，是在非制度约束情境中的生活。日常生活具有明显的自发性、习惯性和情感性等基本特征。”① 任何一种人类生活实践活动或生活方式的形成，皆是人们“自主性”和“自在性”的结果，在任何生活情景中，“自发性”“习惯性”和“情感性”皆是一种生活方式由形成到定型、兴起的基本特征，绿色生活这种人类新型的生活方式同样如此。所以，绿色生活除了提倡人类在生活实践活动中的绿色、低碳、环保、循环的生活方式外，更重要的是鼓励和引导人们去达成一种自主的、自发的、自觉的“生态意识”，进而通过“生态意识”的自觉去主动调整和改善自身与自然生态之间的互动关系，从而促进人类与自然生态形成和谐共生的生命共同体。

在此生命共同体中，每一个人类个体会自觉地以生态意识去进行自身的生活乃至生产实践，践行绿色、低碳、循环型的生活方式，真正地以尊重自然、顺从生态规律、维护生态平衡为己任，使绿色生活

① 肖群忠：《“生活伦理”论》，《中国人民大学学报》2006 年第 1 期。

成为自发性、自觉性、习惯性的生活方式。同时，在人类与自然和谐共生的生命共同体中，人类亦会体悟到“道法自然”“并育不害”“与物同体”“天人一体”的精神境界，将人与自然的异化关系转变为人与自然的共生关系，升华人类的精神追求，凸显人性的价值，真正彰显“民胞物与”的人文关怀。

总之，以生态伦理思想为价值内涵的绿色生活方式，提倡人类以生态意识自觉地反思和调整人与自然之间的互动关系，摒弃片面化、机械化的主客二分哲学世界观和物质至上的传统生活方式，以生命共同体意识重塑人类与自然的互动关系，以人文关怀的思想境界去尊重自然、顺应自然、关爱万物生命，从而追求人类更高的幸福境遇。

（二）简约生活

2015 年，中共中央、国务院颁布的《关于加快推进生态文明建设的意见》指出：“广泛开展绿色生活行动，推动全民在衣食住行游等方面加快向勤俭节约、绿色低碳、文明健康的方式转变，坚决抵制和反对各种形式的奢侈浪费、不合理消费。”2020 年 8 月，中央和国家机关工委向中央和国家机关干部职工发出公开信倡议：带头制止餐饮浪费，切实培养节约习惯，建设风清气正的政治机关。公开信指出：“中央和国家机关作为践行‘两个维护’的第一方阵，各部门广大干部职工要带头增强厉行勤俭节约、反对餐饮浪费的政治自觉，深入学习贯彻习近平总书记重要指示精神，始终牢记‘两个务必’，自觉把勤俭节约、艰苦奋斗的理念内化于心、外化于行，从现在做起，从自身做起，珍惜每一餐饭，节约每一粒粮，以良好的机关作风引领社会风尚，建设让党中央放心、让人民群众满意的模范机关。”①

① 《带头制止餐饮浪费　切实培养节约习惯　建设风清气正的政治机关》，《人民日报》2020 年 8 月 17 日。

在新时代的生态文明建设和美丽中国建设大背景下，国家明确提倡勤俭节约的文明健康生活方式，坚决反对奢侈浪费、物质至上、享受主义的病态生活方式。中国政府明确提出了“节约优先、保护优先、自然恢复为主”的经济社会发展观，这也是简约生活被提出的时代契机和理论基础。简约生活是新时代背景下生态文明建设的题中之义，也是在生态保护的全球背景下人类应该践行的一种文明健康的生活方式。

2016 年在山东曲阜召开的第四届尼山世界文明论坛通过了向全人类倡导简约生活、呼吁全人类携手迈向简约时代的《人类简约生活宣言》：

（1）

简约时代是化繁为简的时代。
简约时代是以简为美的时代。
简约时代是返璞归真的时代。
简约时代是精神至上的时代。
简约时代是和睦共荣的时代。
简约时代是绿色可再生的时代。

（2）

我们信奉简单不是单调。
我们信奉简朴不是粗野。
我们信奉简约不是空乏。
我们信奉天人合一。
我们信奉大道至简。
我们信奉简约治理。

（3）

我们拒绝浪费。

我们拒绝奢侈。

我们拒绝多余。

我们拒绝物欲。

我们拒绝对抗空耗。

我们拒绝没有人情味。

（4）

我们倡导简而美的生活。

我们倡导简而文的生活。

我们倡导简而礼的生活。

我们倡导简而雅的生活。

我们倡导简而朴的生活。

我们倡导简而谐的生活。

（5）

我们热爱天地万物。

我们敬畏宇宙母亲。

我们呵护地球家园。

我们尊重不同文明。

我们向往天下大同。

我们共享人类命运共同体。

伴随着人类工业化和社会商品化、城市化的进程，人类对自然资源的攫取早已超过自然生态环境的承载阈值。2018 年 3 月 28 日，源于法新社发布的一篇“土地状况全面评价报告”，数十位科学家同时指出：“富裕国家的高消费生活方式，以及发展中国家因收入和人口增长所带来的日益增长的需求，包括人类的不可持续的耕种、采矿活动、污染和城市扩张导致的土地退化，正在破坏约32亿人——占地球人口的40%——的福祉。从现在到2050年，我们估计需要迁徙的人数可能在5000万到7亿之间。”① 传统工业文明塑造的物质至上、享受至上的生活方式正在对自然生态环境造成不可弥补的损害，故而人类急需从无限度攫取自然资源的生活方式转变为一种理性的简约生活方式。

简约生活既是人类的一种生活方式，也是人类的一种存在方式或存在状态，是一种符合人类发展与自然生态规律运行的生存方式。简约生活与传统的以“经济至上”“物质至上”“享受之上”的工业文明形态迥然相异，它主张以生态生产力为经济社会发展的主要动力，强调以可持续发展和永续发展的生态文明建设为人类的主要发展形态，反对强势人类中心主义，杜绝奢靡的生活方式，以此促进人类与自然生态的和谐共生，构建人类与自然的生命共同体、命运共同体。

美国作家、哲学家梭罗认为“大部分的奢侈品，大部分的所谓生活的舒适，非但没有必要，而且对人类进步大有妨碍。所以关于奢华与舒适，最明智的人生活得甚至比穷人更加简单和朴素”②。人类应该在满足基本生活需求的前提下摒弃不必要而过度的奢华与舒适，遵从一种简约而朴素的生活方式，即“简约生活”。

自古以来，中国人一直提倡和秉持简约、节俭的生活态度，并将这一生活态度纳入人格修养的德目之中。孔子认为“奢则不孙，俭则

---

① 《科学家警告土地威胁32亿人福祉》，2018年3月28日参考消息网。

② ［美］亨利·梭罗：《瓦尔登湖》，徐迟译，吉林人民出版社1997年版，第12页。

固。与其不孙也，宁固”（《论语·述而》），将“俭”作为君子是否谦逊的评价标准之一，认为奢侈、靡费的生活方式或态度会直接导致人们的不谦逊。孟子指出：“食之以时，用之以礼，财不可胜用也。”（《孟子·尽心上》）“食”和“用”以“时”“礼”来加以约束，则用来满足人们日常生活需求的物质资源就不可胜用。这其实就是一种典型的简约生活和朴素生活方式。荀子讲：“足国之道：节用裕民，而善臧其余”（《荀子·富国》），“强本而节用，则天不能贫”（《荀子·天论》），他将简约或朴素的生活方式上升为“足国”“富国”的理论高度。《左传》云：“俭，德之共也；侈，恶之大也。”[①] 这表明提倡节俭、杜绝靡费的简约生活，不只是维系人与自然和谐互动的一种生活态度、一种生活方式，也是人类自身道德意识的升华和对自身价值的确认。

简约生活是人类完善自我、发展自我、提高自我的一种有效途径，在生态意识的自觉反思下，人类的道德意识、责任意识和审美意识皆会得到极大的提升，进而改善人类发展进程中的自然观、生活观、价值观和文化观，发现人性之善，审视自然之美。从而，在人类与自然和谐共生的生命共同体之中确认自身价值的同时，达成身与心、人与人、人与自然的协调统一。所以，简约生活既包括适度的生活观念、生活规范和生活行为，也是一种健康的生活态度和生态意识、审美观念。人类不只是需要满足合理的物质需求，也需要诗意地栖居于自然生态之中。“圣人去甚，去奢，去泰。”（《老子》第二十九章）我们应把握新时代生态文明建设的核心要义和基本规律，树立正确的生态意识和生态观念，积极践行简约生活，杜绝奢侈靡费的消费观念和生活态度，

---

① 《左传·庄公二十四年》，《左传》上，郭丹、程小青、李彬源译注，中华书局 2012 年版，第 262 页。

为建设美丽中国贡献自身的力量。

（三）绿色简约生活

绿色简约生活是绿色生活方式和简约生活方式的有机结合，是绿色生活观念与简约生活观念的辩证统一，是新时代生态文明建设背景下人们应当践行的一种健康文明的生活方式、生活观念和生活规范。

就两者的理论内容和行为规范而言，绿色生活观念或方式提倡“绿色”而“简约”的生活，蕴含凸显“道法自然”“并育不害”“与物同体”“取予有度”“顺时取物”的“绿色”之意，旨在尊重自然规律、保护生态环境、维护生物链平衡；简约生活观念或方式重视“节用裕民”“强本节用”“修旧利废”“轻车简从”“食不重味”的“简约”之法，旨在节约自然资源、坚持可持续发展和培育循环经济。

就两者的理论前提和理论价值而言，绿色生活观念或方式主张在尊重自然、爱护自然、顺应自然的理论前提下，达成人与自然、生态、环境的和谐共生关系；简约生活观念或方式提倡摒弃传统工业文明形态“经济至上”“物质至上”“享受之上”的生活态度，杜绝奢侈靡费的消费观念，以促进人类自身价值的确认和自然生态价值的认知，转变人类生活实践活动中的自然观、社会观、生活观和审美观，进而以简约之行替代靡费之疾，以简约之美代替繁复之痾，这是人类生活观念的一种变革。

绿色生活与简约生活两者虽然具有不尽相同的理论内容和理论价值，但究其本质而言，绿色之意与简约之蕴皆是人类生态意识自觉的观念呈现和行为表现，是人类生态意识自觉的一体两面，是人类生态文明建设在生活实践中的具体呈现和具体措施。党的十九大报告明确指出：“倡导简约适度、绿色低碳的生活方式，反对奢侈浪费和不合理消费，开展创建节约型机关、绿色家庭、绿色学校、绿色社区和绿色出行等行动”，从理论内容上来讲，简约适度、绿色低碳的生活方式便是绿色与简约辩证统一的绿色简约生活方式。所以，两种生活方式或观念在生态文明建设中相辅相成，共同助力建设人类与自然的生命共同体。故而，绿色生活方式与简约生活方式可统而论之为绿色简约生活方式或生活观念。

绿色简约生活方式或观念旨在转变传统工业文明形态中的错误生态思想，摒弃人类中心主义，促成人类生态意识的自觉，改善人类与自然生态环境的互动关系，维护生态平衡，从而在新时代生态文明建设中，共建共享人与自然的生命共同体。在人与自然生命共同体之中，人的价值从异化的自然观、生活观和消费观中得到释放和解放，使人的价值得到更加清晰的确认，自然的价值也得到更为正确的认知，使人类的生活、生产实践活动皆在自然生态环境之中进行。因为人就是自然的一部分，同时自然的价值也需要人去实现，在人类与自然相依相存的和谐共生关系中自然的价值能够得到尊重和实现，人类的经济社会活动得到可持续、可循环的发展。

党的十九大报告指出：“人民美好生活需要日益广泛，不仅对物质文化生活提出了更高要求，而且在民主、法治、公平、正义、安全、环境等方面的要求日益增长。”① 人民美好生活的需要不只是物质资料的获取，唯经济增长和物质享受的发展模式已不适合时代发展的规律，更不符合美丽中国、生态文明建设的基本要求，当代中国需要大力倡导以绿色简约为价值导向的新型生活方式，加强新时代生态文明建设，以共建美丽中国，共享美丽地球。

---

① 本书编写组编著：《党的十九大报告辅导读本》，人民出版社 2017 年版，第 11 页。

二　绿色简约生活的现实价值

人与自然和谐共存是绿色简约生活所提倡的基本生活理念和价值取向，是现代生活方式所应具备的一种生活观和价值观。人们尊崇绿色而简约的生活，不仅是对自然生态环境负责，还是对人类自身尽责，更是对人类生存和种族繁衍所做的一种更为高瞻远瞩的擘画。自工业革命之后，人们通过过度攫取自然资源、破坏生态环境、打破生物链平衡等方式来提高生活质量的做法，已经给自然生态环境和人类自身带来了深重的灾害，如若人类按照这种生存、生活方式继续为之，无异于“自掘坟墓”。正是出于这样的一种深刻反思，人们提倡一种“绿色”而“简约”的生存、生活方式，其主要的价值目标便是维持自然生态平衡、促进人与自然和谐共存。

（一）消解现代工具理性的神话

蒙培元深刻指出：“由启蒙运动开始的理性精神，确实赢得了伟大胜利，‘造就’了一个现代社会。但是正如前面所说，这种现代文化作为工业社会的‘意识形态’，使‘人类中心论’发展到登峰造极的地步，成为以征服自然界为能事的男权主义文化。理性就是人的理智能力，这种理智能力被认为是无限的、无所不能的。自然界失去了任何价值，只是被认识、被掠夺的对象，在人类的理性面前，上帝不存在了，自然界却能够为人类提供无穷无尽的资源，以供人类享受。”① 在工业社会中，人的理智能力被无限放大，人类在科学技术进步的支撑下，会把自身之外的事物仅仅看作满足自身欲望的条件和工具，从而

① 蒙培元：《人与自然——中国哲学生态观》，人民出版社2004年版，第17页。

"病狂"般地把自然资源、生态环境、生物族群看作有待改造、开发的对象性客体，造就了人类（主体）与自然（客体）之间的紧张性矛盾，这也是西方主客二分思维方式所必然造成的严重后果，忘却了人类其实亦是自然生态环境和生物族群的一部分，从而造成了对自然生态环境的严重破坏。

正如大卫·雷·格里芬所说："二元论宣称灵魂本质上独立于身体，就此而言，在与自然的关系上，它是不折不扣的个人主义。二元论认为自然界是毫无知觉的，就此而言，它为现代性肆意统治和掠夺自然（包括其他所有种类的生命）的欲望提供了意识形态上的理由。这种统治、征服、控制、支配自然的欲望是现代精神的中心特征之一。"①

就科学技术本身而言，它并没有善恶、是非、美丑等价值评判标准，而仅仅是人类用于满足生存、生活的一种手段和工具。所以，伴随着科学技术的进步而渐渐加大的人与自然之间的矛盾，错不在科学技术本身，而在于人类之无限扩展的欲望和无限扩宽的要求。人类无节制地将自身的欲望和要求强加于自然资源、生态环境和生物种群之上，肆无忌惮地攫取人类自身之外的一切资源，导致了目前严重的生态危机和自然资源枯竭等问题，这是西方主客二分思维方式所导致的严重后果，是西方工具理性的集中体现。这深刻表明，必须用生态理性消解现代工具理性的神话。

（二）尊重自然生态规律

我们应该认识到，自然虽是外在于人类的一种对象性客观存在，但人类亦是自然的一部分，两者是对立统一的辩证关系。人类既要改造自然以获取生存和生活的必需，又要尊重自然规律和生态环境以求得自身的良性发展，从而促进人与自然的良性互动、和谐共存。为了

---

① ［美］大卫·雷·格里芬：《后现代精神》，中央编译出版社 1998 年版，第 5 页。

应对并解决当今的生态危机和自然资源枯竭等问题，绿色简约生活倡导人类要转变传统固有的惯性思维方式和生活方式，确立合理适度、可节制的生活理念和价值取向，以达成人与自然的和谐共存。

绿色简约生活本质上要求人类为实现人与自然的和谐共存而尊重自然生态规律，并合理运用自然生态规律造福自身。荀子的生态伦理思想认为："列星随旋，日月递炤，四时代御，阴阳大化，风雨博施，万物各得其和以生，各得其养以成，不见其事而见其功，夫是之谓神。皆知其所以成，莫知其无形，夫是之谓天。"（《荀子·天论》）自然生态规律是外在于人的客观性存在，所以人类需要顺"天时"、辨"地财"、知"人治"，参天化地以得人利，做到"序四时，裁万物，兼利天下"（《荀子·王制》）。可见，人类要想利用自然生态规律为自己谋利益、求发展，就必须首先尊重自然生态规律，不可因为自身的欲望而为所欲为。

孟子讲：

> 天下之言性也，则故而已矣。故者以利为本。所恶于智者，为其凿也。如智者若禹之行水也，则无恶于智矣。禹之行水也，行其所无事也。如智者亦行其所无事，则智亦大矣。（《孟子·离娄下》）

梁涛借鉴历代注释，对这段话做了如下解释："人们之所以厌恶智，是因为用智的人往往穿凿附会（不从事物本身出发）。如果用智的人能像大禹治水一样，那么人们就不会厌恶智了。大禹治水（顺从水的本性，采用疏导的办法），不有意多事。"① 只有遵从了水的自然本性（自然生态规律），才能取得治水的成功，应反对违背自然生态

---

① 梁涛：《郭店竹简与思孟学派》，中国人民大学出版社2008年版，第373页。

规律而“不从事物本身出发”的“智”。

反观现代社会，人类有很多自以为是的“智”在古人看来其实都是“愚”，是违背自然生态规律而不从事物本身出发的“凿”，势必会得到自然生态规律的报复。所以，绿色简约生活所倡导的人与自然和谐共存的前提条件便是要首先承认并尊重自然生态规律，从而合理利用自然生态规律造福人类，否则，便是一种空想和奢望。

（三）合理节制人的欲望

要想实现人与自然的和谐共存，人类要勇于和善于合理地节制自身的欲望。人类为了扩大生产能力和经济效益而造成水污染、空气污染、土壤污染……为了满足人类自身不断膨胀的消费欲望而造成自然资源枯竭、物种生态链失衡、土地荒漠化盐碱化……这些都是人类为了满足自身无限扩展的欲望而收获的苦果。绿色简约生活并不是要让人们去过一种宗教式的禁欲生活，而是主张人类自身能够遵循一种完善性、合理性、节制性、自觉性的欲望满足方式，避免人类将永不满足的欲望发泄到自然资源、生态环境、物种生物链中去，避免由于人类违背自然生态规律而获得惩罚。

在《春秋繁露》中，董仲舒有过这样的论述：“故圣人之制民，使之有欲，不得过节；使之敦朴，不能无欲。无欲有欲，各得以足，而君道得矣。”① 意思是说，每个人都具有各得其所、各得以足的欲望本能，都想在现实的生存和生活环境中得到欲望的最大满足；欲望本身是无可厚非的，亦即“使之敦朴，不得无欲”，但是一定要做到有欲而“不得过节”，对欲望进行合理而自觉的调节，使其保持在适中的范围内。绿色简约生活的基本价值取向和生活理念是人与自然的

① （汉）董仲舒：《春秋繁露·保位权》，张世亮、钟肇鹏、周桂钿译注，中华书局2012年版，第203—204页。

和谐共存。温茨指出："我们与某人或某物的关系越亲近，我们在此关系中所承担的义务数量就越多，并且或者我们在其中所承担的义务就越重。亲密性与义务的数量以及程度明确相关。"① 在这种关系密切的共存模式中的生存方式和生活态度便是对人类自身的欲望有着清醒的认识和觉察，从而使其保持在合理的范围之内，做到"无欲有欲，各得以足"。要知道，"人类实践活动的自然生态阈限规定了人类应该做什么，不应该做什么"。② 为此，人类必须自觉而合理地节制自身的欲望，以求得与自然生态规律及环境的和谐共存共处。

绿色简约生活倡导一种"修旧利废""轻车简从""食不重味""取予有度""顺时取物"等生活态度和生活方式，提倡人们能够自觉地节制不合理欲望，从而发现生活的本真。例如，节水节能节电，珍惜自然资源；减少汽车尾气，多坐公共交通；纸布袋循环利用，减少白色污染；不买野生动植物制品，倡导绿色消费；避免粮食浪费，反对铺张奢华；提高环保意识，促进绿色低碳生活……总之，绿色简约生活需要人们去直面自身的不合理欲望，节制自身过度的物质需求，这既是对自身的负责，也是对社会、国家的负责，更是对后代及未来发展最大的负责，如此才能最终实现自然生态规律的客观性与人类发展的目的性之统一，实现自然生态环境的平衡性与人类发展的可持续性之统一，实现自然生态资源的多样性与人类发展的多元性之统一。

（四）推动实现人与自然和谐共存

要想实现人与自然的和谐共存，人类要有"天人合一"的境界和"民胞物与"的心境，将人类自身与自然生态环境融为一体，做到你中有我、我中有你，热爱生命、关爱自然。绿色简约的生活方式和价值理念既

① ［美］彼得·S. 温茨：《环境正义论》，朱丹琼、宋玉波译，上海人民出版社2007年版，第402页。

② 叶平：《生态伦理学》，东北林业大学出版社1994年版，第183页。

要求我们尊重、遵循自然生态规律的客观性，也要求人类节制自身不断膨胀的欲望，使自然生态规律的客观性与人类活动的目的性达成一种和谐的互动关系。绿色简约生活关键还在于让人们在内心之中能够获得一种与天地“同流”“同参”“同体”的觉悟，能够在生活之中与自然生态环境产生“交感”，从而以一种更为安宁的心态去看待生活和人生。所以，绿色简约生活不只是生存和生活方面的价值理念，它还是一种人生的价值追求和理想希冀，虽然它被更多地展示为一种生活方式、消费方式，但它更是一种人生态度和心灵寄托，适合现代社会价值多元化发展的需求，为人们提供一种崭新的生活态度和价值诉求。

中国传统生态伦理虽然认为“天何言哉？四时行焉，百物生焉，天何言哉”（《论语·阳货》），承认自然生态规律的外在客观性。但是，它也认为人与自然具有内在的整体性和统一性。孟子讲：“天之生物也，使之一本”（《孟子·滕文公上》），人与自然万物皆为天之所生，原为“一本”，本无“二别”。人类自原始社会至现代社会的实践活动，大多是由人与自然密切而频繁的互动产生的，人与自然二者缺一不可。西方主客二分的思维方式和工具理性的认知方式带来了严重的生态危机和资源危机，这种把自然生态单纯地当作客观对象性存在的思维方式已受到深刻的反思和批判。

我们应该清醒地认识到，在人类实践活动中自然已是人化的自然，人类亦是自然的一部分，人与自然是辩证统一的“一本”关系，因此人类应以“天人合一”“万物平等”“仁爱万物”的生态伦理态度去体悟自然、关爱自然。犹如佘正荣所言：“各种生命之线织成一张‘天网’，人类只是其中的一根网线，花草树木、鸟兽鱼虫也都是其中的网线，同时，原野、山川、河流、海洋、土壤、空气这些生命所依存的环境也是‘天网’的组成部分。”[①] 这昭示人

---

① 佘正荣：《中国生态伦理传统的诠释与重构》，人民出版社2002年版，第240页。

们，在某种程度上关爱自然，既是关爱非人类生命，也是关爱人类自身。

孟子讲："诚者，天之道；思诚者，人之道。"（《孟子·离娄上》）儒家传统生态伦理思想将外在于人类的客观性天道之"诚"内化为人之内在体悟之"诚"，这种转化的关键便在于一个"思"字。"思"是一种内在的觉察，更是一种反思和自我检省。孟子"清楚地认识到，人类的一切生活资源都来源于自然界，人类是依靠自然界所提供的资源生活的。孟子提倡'仁政'、'王道'，人们只注意到社会政治层面的内容，即统治者对人民要实行仁道。其实，它还包括对自然界的所有生命的爱护，对自然法则的尊重"①。绿色简约生活所提倡的"天人合一"境界和"民胞物与"心境，便是要求人们去时刻"思"自身的存在状态，进而热爱生命、关爱自然，发现生活的本真。反观现代社会的生存状态和生活方式，大多以牺牲自然生态环境为代价而满足人类的需求，使得社会生活中充满着浮躁、奢华、暴戾的气息。而绿色简约生活则提倡人们以"诚"求得内心的恬静和安然，以"诚"善待自然生态万物，以达到人与自然生态环境的和谐共存，促进生活本真与自然生态环境的质朴的和谐统一。

从自然与文明相辅相成的视域来看，绿色简约生活既是一种人类生存和生活的方式，又是人类文化多元化发展的一个路径。它与工业革命以来只强调物质器物方面的生活方式截然不同，为人类生活方式乃至人类文化的多样化提供了一种弥足珍贵的路径，扩宽了人类对自身存在状态的理解，加深了人类对自然生态环境的认识，从而推动人类与自然万物"合德""合道"，斥"二别"，求"一本"，实现和谐共存共处的生态理想和社会理想。

---

① 蒙培元：《人与自然——中国哲学生态观》，人民出版社2004年版，第149页。

三 绿色简约生活的人性根源

倡导绿色简约生活，不仅是必要的，也是可能的，它具有深厚的人性根源。

（一）人的自然属性与绿色简约生活

人类首先是作为一种具有类生物属性的存在，其生命本能在生存和生活中自觉或不自觉呈现的便是人类的自然属性。不管人类自身觉察与否，这种自然属性一直被深刻地埋藏在人类的生物基因及潜意识之中而挥抹不去，从而对人类生活方式的形成产生了巨大的影响和作用。人类的自然属性正如荀子所讲："饥而欲饱，寒而欲暖，劳而欲休，此人之情性也。"（《荀子·性恶》）这种"欲饱""欲暖""欲休"的自然性情正是人类生而具有的自然生命本能，是人类生存活动和生活状态最基本的直观体现，是人类改造对象性客观世界最直接的主观动机和诉求。

古人有"即生言性"的传统，强调"性"与"生"、"性"与"情"的紧密联系，傅斯年在《性命古训辨证》中讲"古初以为万物之生皆由于天，凡人与万物生来之所赋，皆天生之也。故后人所谓性之一词，在昔仅表示一种具体动作所产之结果"[①]。他认为"性"与"命"同义，是一个字义的两种表示方法。这种释"性"的方式，在郭店楚简《性自命出》篇中多有体现。如"性自命出，命自天降。道始于情，情生于性"，即可解释为性从命产生，而命是从天上降下的；道从情开始，而情又从性产生。有"生"则有"命"，有"命"

① 傅斯年：《性命古训辨证》，上海古籍出版社2012年版，第78页。

则必有“情”，任何一个具有生命的个体，都会具有喜怒哀乐的感情和情绪的外在表达，从而性与情的关系可转化为生与性的关系，即“天命之谓性”（《中庸》），这便是古人“即生言性”的传统。

这种即生言性的思维方式使我们理性地认识到，绿色简约生活方式和生活态度并不是强求现代人去经历“复古式”和“禁欲式”的生活模式，而是主张充分尊重人类自身的自然生命本能欲望以及在生命活动中所自然呈现的性情流露，并在对象性的客观实践中获得自身生命和生活所需，满足人类生存以及种族延续的客观性要求。

人类在改造自然生态环境的对象性实践活动中，生产实践产生对象性客体，而对象性客体产生主体人与自然的辩证关系，以此推动着人类实践活动的发展以及人与自然的联系。也就是说，人类通过实践活动将自身与自然割裂的同时，也进一步加强了人类与自然的互动联系。在对象性实践活动的展开中，人类按照自身需求改造自然的同时，也会将自然的属性与规律等客观性物量、信息内化为人类的本质力量，渗透在人类自身发展和人类社会运行的过程当中，最终实现人类自然属性与人化自然的平衡发展。所以，人类在生命活动中所呈现的自然生命本能欲望，蕴含着对自然生物以及非生物属性及规律的体认，它在对象性实践活动中加深了对自身生命规律及本质力量的认知。

食、色之欲本身无可厚非，乃人类的正常生理本能，但是应将其控制在一定范围之内。我们不能孤立地看待人类的自然属性问题，应在人与自然的辩证统一关系中去阐释人类的生命本能现象，决不能将人类的自然生命本能欲望单纯地理解为无休无止的欲望满足。在认识到人类自然属性所具有的合理性的同时，还应充分认识到其自身所具有的内在属性及发展规律，即在与自然生态环境的互动关系中充分认识人类自然属性的发展规律。

《尚书·五子之歌》云：“训有之，内作色荒，外作禽荒。甘酒嗜音，峻宇雕墙。有一于此，未或不亡。”“色”“禽”“酒”“音”

“宇”“墙”之欲人皆有之，本身只是一种事实判断，并不涉及任何价值方面的“是”与“非”。但是，人之生命本能欲望即自然属性有其内在的发展规律和生理限度，一旦丧“度”失“理”般的“荒”“甘”“嗜”，便会“未或不亡”。对人类生命本能欲望进行“度”的把握和理性的认识，古人多有论述。如《论语·八佾》讲：“乐而不淫，哀而不伤”，这是主张理性地把握人类情感，做到“不淫”“不伤”的合理表达。

《韩诗外传》卷3云：

> 故圣人不淫佚侈靡者，非鄙夫色而爱财用也，养有适，过则不乐，故不为也。是以夏不数浴，非爱水也；冬不频汤，非爱火也；不高台榭，非无土木也；不大钟鼎，非无金锡也；不沈于酒，不贪于色，非辟丑也；直行情性之所安而制度，可以为天下法矣。

此段论述对人类之生命本能欲望做了精确的分析和判断，并对其内在发展规律和运行路径做了详尽的论述。圣人所主张的生存状态和生活方式不是让人们摈弃一切的感官欲望和生理享受，其“夏不数浴”“冬不频汤”“不高台榭”“不大钟鼎”“不沈于酒”“不贪于色”之类的说法正如文中所讲：“非鄙夫色而爱财用”，不是对“色”和“财”的彻底鄙视和否定，而是强调要将人类感官情欲控制在“养有适”的适度范围之内，使其既能满足人类适度的自然本能欲望，又能适应人类生命的自然属性发展规律，从而避免发生妨害生命自然发展的过度行为。

恰如梁涛所言：“在古人观念中，性是生命自然、适宜的表现，它虽然包括欲望等内容，但只有符合性的规定，适宜于生命成长、发展的欲望才能称作性；而一般所谓欲望，有适宜于生命者，也有不适宜于生命者。”[①] 在认识到人类自然属性所具有的合理性的同时，也应充分认识到其自身所具有的内在属性及发展规律，即“直行情性之所安而制度”。

一言以蔽之，绿色简约生活重视在人类的类生物属性的范畴下去探讨生活方式，既充分认识到人类自身的性情欲望，也要觉察到人类生命过程中所存在的发展规律，从而使人类的自然本能欲望在合理的发泄和满足中得到适度的调节，使其不至于妨害人类生活的正常运行和自然生态的平衡发展。

（二）人的社会属性与绿色简约生活

人在社会生活和社会实践中所形成的社会属性是人类的本质特征，是人与动物的根本性区别，是人之为人的根本性原因。上一节论述人之自然属性，着重点在于通过认知促进绿色简约生活的人类自然属性根基，这里侧重探寻社会属性理论如何为达成理想的绿色简约生活提供整体社会人、合理群己观和科学“三才”观等社会基石。

1. 整体社会人

绿色简约生活作为生态伦理理念在人现实生存和生活中的实践呈现，既是一种人类应对自然环境、资源、生物等所表现出来的道德关怀，也是一种由人与自然互动关系升华为人与人、人与社会关系的价值取向，它奠定在人的社会属性基础之上。在绿色简约生活方式中，人与自然的互动关系可以看作是人的社会关系的一种映射和延伸。绿色简约生活虽侧重于人与自然的互动关系，但归根结底是人的合理生存状态和生活方式，旨在解答处于一定社会关系中的人怎样实现与自然生态环境的和谐共存共处，以及应当采取更为科学的生活方式、生活态度。

---

① 梁涛：《郭店竹简与思孟学派》，中国人民大学出版社 2008 年版，第 137 页。

绿色简约生活方式和价值取向更为重要的特质是人类社会属性在人的生活中的展开和运用。正如大卫·雷·格里芬所讲："我们对自然的反应（认识）是基于生态的。我们由一种抽象的、还原式的和分析式的知识，转向了一种参与式的、整体的和综合的对自然中的人的解释。"① 这就是说，人类对于自然的认识不应只是一种分析式的、还原式的解释，还应在社会整体中对人的自然属性进行诠释。人类的社会属性决定了人对自然的态度，人与自然之间的关系在本质上反映了人类主体间的关系互动、利害交往，而且绿色简约生活还是由人与社会互动所产生的文化模式、制度规范的实践展现。总之，绿色简约生活集中体现了生态伦理在对人与人、人对社会、人对文化的节制性态度和中道原则。

马克思认为："历史本身是自然史的即自然界成为人这一过程的一个现实部分。"② 他又说："我们连同我们的肉、血和头脑都属于自然界，存在于自然之中。"③ 汉斯·萨克塞在《生态哲学》中指出："在自然的面貌中，人也看到了自己，作为成员，作为整体的一部分。"④ 作为主体的人类在与自然生态环境的互动关系中，"面对着千差万别的，然而是确定的事实，人们有把握享受理解的喜悦，一种参与那巨大的、有秩序的领域而得到的喜悦"⑤。作为社会主体的人在与自然生态环境的互动关系中体察自己和把握自己，并在宏大而有秩序性的自然面前感到喜悦，这使得人类能够产生对自然的敬畏之情，从而展现出对自然的人道关怀，节制自己对自然的占有欲望，奉行节约使用自然资源的简朴生活态度。同时，人面对巨大的自然社会领域

---

① ［美］大卫·雷·格里芬：《后现代科学——科学魅力的再现》，马季方译，中央编译出版社 1998 年版，第 44 页。

② 《马克思恩格斯全集》第 42 卷，人民出版社 1979 年版，第 128 页。

③ 《马克思恩格斯选集》第 4 卷，人民出版社 1995 年版，第 518 页。

④ ［德］汉斯·萨克塞：《生态哲学》，文韬、佩云译，东方出版社 1991 年版，第 30 页。

⑤ ［德］汉斯·萨克塞：《生态哲学》，文韬、佩云译，东方出版社 1991 年版，第 29—30 页。

如果能够体会到每个人不过是宏大自然系统和社会系统的一员，就不会只是凭一己私欲而肆意霸占自然资源，而会考虑到其他社会成员的福利并据此公平地、有节制地获取自然财富。

2. 合理群己观

绿色简约生活方式所立足的人类社会属性，更为集中体现在带有生态伦理的群己观上。科学的群己观主张“己”与“群”的和谐统一，强调个人主义与整体主义的辩证统一，肯定他人、社会、国家的共同持续发展会为个人发展创造先决条件。

自文艺复兴、启蒙运动以来，由西方所主导的个人主义占据主流地位，它强调“人是万物的尺度”“人为自然立法”，无限度地扩展人的能力、人的自由、人的欲望、人的发展、人的利益和人的权利。这种个人主义人性理论认为人的一切行为必须最符合自身利益，个人的最大限度的自由和责任就是去选择自身的功利目标和达到这个目标的手段，然后付诸行动；每个人应当享有最大限度的机会去取得财产，至于自我之外的一切事物不过是实现自我发展的手段和条件。这种个人主义思想观念直接导致了人与自然关系的畸形发展，它一味鼓励人类去控制、征服和掠夺自然以满足自身无止境的自然欲望，加之西方本来具有的主客二分思维的侵蚀，不但驱使人类对自然资源进行疯狂掠夺，还滋生了消费主义道德和奢侈之风，从而导致生态危机事件层出不穷。

群己之辨在中国古代哲学中，代表着两种基于个体属性与群体属性不同维度的价值立场。群与己，顾名思义就是群体与个人、整体与个体。从价值方面来讲，它体现了社会价值与个人价值、群体利益与个人利益的对立统一。自孔子至曾子、子游、子思、孟子和荀子，都表现出了一种群己并重的倾向，强调社会价值和个人价值、群体利益和个人利益的统一。孔子讲：“鸟兽不可与同群，吾非斯人之徒与而谁与？天下有道，丘不与易也。”（《论语·微子》）荀子云：“力不若牛，走不若马，而牛马为用，何也？曰：人能群，彼不能群也。”（《荀子·王制》）人不可不群的社会属性决定了人不可能脱离社会群体而独立地去生存、生活，这就表示人不可只顾个人利益的膨胀而忽视甚至损害群体利益。儒家的核心思想“仁”是儒家群己价值观的基础和前提，“‘仁’的这一要素对个体提出了社会性的义务和要求，它把人与人的社会关系和社会交往作为人性的本质和‘仁’的重要标准”[①]。孔子对“仁”学的发明，是一种对社会互动关系的主动反思和分析，它将个体融入普遍性的人与人互动关系中去考量，彰显了一种融个人与群体于一体的健康理念。这一群己观显然有助于人们从群己关系的角度考虑相对有限的自然资源和社会资源如何在个人与他人、个人与群体之间进行分配，有助于人们基于对他人（尤其是弱势群体）、对社会利益的考虑而克制自己的欲望，从而以一种仁者的情怀遵循绿色简约的生活方式，培育勤俭节约的生活习惯。

3. 科学“三才”观

中国传统生态伦理思想在“天人之际”的理论视野下以“人—社会—自然”的整体生态观去分析“天地人三才”的辩证统一关系，并将其统一融入以“人”为理论原点的思想体系。故而，在中国传统生态伦理思想视域下去分析人与自然的关系，已不仅仅是主体与客体的互动关系，而是自然规律被人化为人的本质力量之中，变为人的社会属性的一部分，并由人在社会运行中的主体行为彰显天地运行的规律。正如孟子所讲：“是故诚者，天之道也；思诚者，人之道也。至诚而不动者，未之有也；不诚，未有能动者也。”（《孟子·离娄上》）作为对象性客观存在的天道（自然规律）——“诚”可以被人认知和了解，通过“思”这一主体性的行为将外在之“诚”转化为了内在于人类本性之“诚”（人的社会属性），从而将“天道”转变为了“人道”，将

① 李泽厚：《中国古代思想史论》，天津社会科学院出版社 2008 年版，第 24 页。

主体与客体融入到了辩证统一的理论框架内，进而在“人—社会—自然”的统一结构内去认知天道、体味人道，做到人与自然的和谐共处。

中国传统的“人—社会—自然”整体生态观与西方强调以主客二分为理论前提的个人主义形成了鲜明的对比。绿色简约生活的生活方式和价值取向、价值抉择正是建立在“人—社会—自然”的整体生态观之中，它既强调个人利益，同时也注重社会公益和对自然的关怀，是人的社会属性在生态伦理思想、行为中的彰显。在“人—社会—自然”的整体生态观中，“人”“社会”和“自然”的可持续发展互为前提和条件，是动态的平衡关系。绿色简约生活正是体现了个人的可持续发展与社会的可持续发展、自然生态的可持续发展三者的辩证统一，它极力反对个人欲望不受控制地满足，反对通过对他人、社会、自然生态的损害为代价来追求个人的片面发展、畸形发展。要知道，人是最具社会性、群居性的动物，社会是由人与人互动关系而自然形成的生存、生活、实践共同体，自然、人与社会构成了一个完整的共同体，每个人决不可因个人利益而单方面打破人—社会—自然的动态平衡，不可因个人欲望而违背人类社会属性的内在发展规律，这是绿色简约生活最基本的生活态度和价值取向。

四 绿色简约生活的价值取向

现代社会的生活方式内容广泛，包括人类衣、食、住、行的物质活动、待人接物的社交活动，放松休闲的娱乐行为，琴棋书画的文化活动，等等，它们都是为满足人类需求而形成的生活样式，其中蕴含了丰富的价值观、审美观、道德观，并在具有共同时代特征的生活方式下因人而异地形成了形态迥异的众多个人生活风格。那么绿色简约生活在复杂多变的现代社会生活中到底展现了哪些价值取向呢?

（一）彰显现代消费理念

纵观当前所出现的气象灾害、雾霾天气、水体污染、白色垃圾污染、土壤污染、全球变暖、能源短缺等问题，很大一部分便是由现代社会生活方式所造成的快节奏、无节制、重享受的消费方式直接或间接而造成的。不健康的消费模式造成了人与人、人与社会、人与自然的关系紧张，以一己之生活需求的不断满足造成了伤害了他人、社会和自然，最终必将也会损害到自身的生活质量和生理心理健康的后果。绿色简约生活所包含的消费理念，对于解决现代社会因不健康消费而造成的人与人、人与社会、人与自然之间的对抗具有积极的借鉴作用。它鼓励人们改变已有的不健康消费模式和行为，建立绿色而简约的新型消费观念，避免过度的物质性、享受性和重复性消费，借以保护生态环境、节约自然资源、维持生态平衡。

自工业革命之后，人类社会出现了物质财富的极大提升、商品经济市场的极大繁荣、全球化贸易的极大扩展和工业科技水平的极大进步等镜像。与之相应，人类消费从注重食品、衣着的生存需要类消费向汽车、健康、医疗、服务、娱乐等生活享受类消费过渡，人类的消费观念由注重自身的生存层面转到了生命该如何享受的层面。这种转变本无可厚非，但不幸的是，自工业革命开始而形成的重物欲享受传统使现代社会的消费模式走向了物质消费的极端和困境。而且，伴随着人类自身欲望的“解放”，人类对物欲的追求完全转嫁到对自然生态环境、自然资源、自然生物的开发利用之掠夺上，造成了严重的自然生态危机以及人与自然之间的紧张。

绿色简约生活主张一种与现代生态文明相匹配的以人为本的消费观念和模式、行为。人类的需求可以划分为三个层次：生存需求、享受需求和发展需求。人类的生存需求与享受需求更多关注物质因素的得到，以满足人类生存与享受的需要。而人类的发展需求与前两者不同，它所关注的不仅是生存、生活的物质必需，还注重人类在生存与生活中的精神追求，强调人类自身在生存、生活中的自我完善、自我提升、自我发展。而绿色简约生活所提倡的以人为本消费观念和消费行为，更为强调人类需求的第三个层面——发展需求。

以人为本的消费观念和消费行为不是人类物欲的释放和满足，更不是建立在掠夺自然资源、破坏生态环境、打破生态平衡基础之上，而是由对物质的执着追求转向人类主体自身，由人类主体的物化、异化转向人类主体自身的确认，以此获得人类自身的可持续性发展和自然生态环境的可持续性发展，并使人类自身获得更大的自由发展空间。以人为本的消费观念还强调协同主体与主体之间的关系、主体与社会之间的关系和主体与自然之间的关系，以便实现人—社会—自然的辩证统一。它认为个人的发展需求与社会的发展需求、自然的发展需求应当互为前提、互相作用，使三者处于平衡而动态的系统之中，不能因一方的发展需求而损害或阻碍另一方的发展权利，因为每一方都有自由发展的权利。

正如美国环境哲学家 J. B. 科利考特在《生态学的形而上学含义》中所描述的那样：

> 当我盯着褐色的淤泥堵塞的河水，看着一抹黑色的从孟菲斯来的工业、市政污水，跟随在后的是不断从辛辛那提、路易斯维尔或圣路易斯漂来的一种不知名的混色线呢的碎片渣滓，我体验到一种明显的疼痛。它并不是清楚地局限在我四肢的哪一肢上，也不像一阵头疼或恶心。但是，它却是非常真实的。我并不想在河中游泳，不需要喝这里的水，也不想在它的沿岸买不动产。我的狭隘的个人利益并未受到影响，但是，不知怎地我个人还是受到了伤害。在自我发现的那一刹那间，我想到，这河是我的一部分。并且我回想起利奥波德的《沙乡年鉴》中的一句话：“生态

学教育的后果之一就是，一个人独自生活在一个创伤的世界里。”澳大利亚自然保护论者约翰·锡德，对他代表在昆士兰的雨林保护所作的努力进行探思，已经得到了一个类似的结论：“因为进化和生态学的含义被内在化了，所有生命存在着一致性。”……异化减退。……“我保护雨林”变成为“我是保护我自己的雨林的一部分。我是雨林中最近已突现成能思考的那一部分”①。

在上述引文中我们可以清晰地看到，在“自我发现”（转向“主体”自身）的一瞬间，作者认识到就算是不在河里游泳、不喝被污染的水、不买沿岸的不动产，个人的利益仍然与自然的利益紧密联系在一起，因为自己便是河的一部分，务必实现个人主体性与自然内在价值的统一。

绿色简约生活提倡以人为本的消费观念，便是要让人们能够在消费模式和消费行为中做到由物化或异化的消费转为以人为本的主体性自觉消费，从而在人—社会—自然统一系统中将个人与社会、自然的命运紧密地联系在一起，实现个人、社会、自然的共同发展。

反观现代社会所充斥的消费模式和消费行为，皆是以物开始而以物结束的消费循环模式，造成了严重的过度消费和重复性消费，将人的主体性异化为商品物用，将社会发展异化为单纯的商品经济，将自然生态的内在价值异化为静态的人类掠夺的对象。“这一切从本质上看，是由于人与自然、社会及自身的协调关系失衡，破坏了人的自由、和谐、全面发展，从而产生了‘人类困境’和‘生存危机’。在现代工业文明创造的物欲社会下，科技的横行和精神的颓废，使伦理风尚和道德建设面临着严重的挑战，人类社会遇到了前所未有的生存

---

① ［美］J. B. 科利考特：《生态学的形而上学含义》，余晖译，《自然科学哲学问题》1988年第4期。

危机，如何揭示和导向现代文明掩盖下的人性，如何实现工业文明向生态文明的平稳而有序的过渡，已成为构建和谐社会与塑造和谐的人的理论难题和重要任务。”① 正如马尔库塞所说，在商品社会中人人都变为了单向度的存在，将人—社会—自然的统一辩证关系单向度地还原为利用与被利用的物化关系，从而使人丧失了主体性，丧失了把握本真自我的能力，割裂了人与自然的内在价值联系，损害了人、社会、自然的良性发展与协同发展。

绿色简约生活不仅重视人与自然的和谐共生，强调人类自然属性与社会属性的统一结合，认同道法自然与天人合一的价值理念，同时它也提倡以人为本的消费观念。以人为本的消费观念要求人们在消费模式和行为中不能始于“必需”而终于“必需”，从而将自身的主体性禁锢于商品之中。因为人类不只是有生存、享受等物质方面的需求和权利，还有自我完善、自我提升的发展权利与道德义务。同样，个人的发展与社会的发展、自然的发展又是紧密联系在一起的，应在以人为本的消费观念指导下充分尊重自然的权利，自觉处理好人与人的关系和人与自然的关系，建设和维护好自然生态环境。

绿色简约生活所提倡的以人为本的消费观念和消费行为实则是中国传统生态伦理思想在现代社会生活中的创造性转化与创新性发展。“古代哲学大体可以归结为三种类型。一种类型是自然哲学，以古希腊哲学为代表。古希腊哲学以自然为本，以解释世界为主题，哲学家最常用的书名就是《论自然》。另一种类型是宗教哲学，以佛教哲学和基督教哲学为代表。宗教哲学以彼岸为本，特别关注人死后的归宿，而不大关心活着的人的事情。这种类型的理论指向是彼岸世界，不是此岸世界。再一种类型就是人生哲学，以中国哲学为代表。当古希腊的

---

① 赵磊、王平：《儒家人学思想对当代中国人学理论建构的意义》，《理论月刊》2010 年第 11 期。

哲学家将目光投向自然、印度哲学家将目光投向超越的彼岸的时候，中国哲学家则把目光投向人类自身。”[①] 在中国传统文化中，有“成己”“成人”“成物”和“亲亲”“仁民”“爱物”的思想体系，更有“己所不欲，勿施于人”“己欲立而立人，己欲达而达人”的道德伦理思想，从而形成了己身与己心、己与他、人与自然的和谐统一关系。中国传统人生哲学主张在人文化成的人类世界中转向主体，以把握自身、尊重自然，从而尽人之性（完善自我、提升自我的主体性自觉）、尽物之性，以参天地之化育，促成人与自然的和谐共存和共生（发展）。在这样的一种以良性发展为基础的消费模式中，人们会学会反思自己，进而尊重他人、珍爱自然；懂得物力维艰，注重杜绝浪费性、重复性、过度性消费。以人为本的消费观念和消费模式也可以理解为一种转向主体自身的理性消费态度，它可以使人能够摆脱现代社会高节奏、高压力带来的过度消费习性，避免盲目性消费、奢侈性消费、炫耀性消费，使人自身不仅能够在心理上摆脱物化或异化的焦虑，还能够节省经济开支。

以人为本的消费模式和消费行为是绿色简约生活在现代社会中的实践应用，是对现代社会消费观念的反思和改进。在自然生态环境被严重破坏的背景下，人类自身的生理和心理也饱受伤害。因为人类很难在人—社会—自然的辩证统一系统中“独善其身”，只有积极地、建设性地参与到解决当前生态危机的事业中去，才能获得人类安身立命的生存、生活必需环境。正如《中庸》中所说：“唯天下至诚，为能尽其性；能尽其性，则能尽人之性；能尽人之性，则能尽物之性；能尽物之性，则可以赞天地之化育；可以赞天地之化育，则可以与天地参矣。”在现代社会的消费行为中，我们要保持自身之“诚”，坚决拒绝为了消费而消费的主体异化消费行为，自觉杜绝过度消费和重

① 宋志明：《中国传统哲学通论》，中国人民大学出版社2012年版，第19页。

复性消费；以己身之“诚”去实现个人主体的自觉，从而尽人之性、尽物之性以至于“与天地参”。

总之，如果将人的消费行为的物化或异化重新拉回、转向人类主体本身，以把握自我、完善自我、提高自我，那么就能实现个人发展需求与社会发展需求、自然发展需求的相辅相成、相得益彰。

（二）轻松愉快生活

现代人面临着普遍而巨大的生活压力，压力感似乎成为每一个人的生活常态。这种生活压力可以是来自外部的学习压力、家庭压力、工作压力、经济压力、人际压力和环境污染压力等，还可以是来自人的内心的羡慕感、嫉妒感、攀比感、奢望感和期望感、焦虑感等。这些来自内外的有形或无形的生活压力对每个现代社会中的人造成了严重的生理和心理上的伤害，轻者会对生活产生恐惧和焦虑心态，重者则会产生对生活的厌世感、冷漠感以至于犯罪的报复感，并造成一系列的心理和生理疾病——厌食症、惊恐症、抑郁症、失眠症、精神分裂症等。据相关报道，中国每年因心理疾病而导致自杀的人数多达几十万，而生活压力则是导致心理疾病的主要原因。

中国传统生态伦理思想虽然是强调人与自然如何和谐共生的一种学说，但归根结底是关于人的学问，它以人为理论原点去阐释人的生存之道与生活之道。“人生在世，不管以什么样的理论去追求积极的永恒，归根到底还是不能脱离现世。”[①] 绿色简约生活蕴含着丰富的身与心、人与人、人与物等生活态度内容，它提倡在人与自然和谐共生关系中去寻找人的价值，进而实现道法自然、恬静淡然、知足乐天的生活理想。现代社会中的一些人因为巨大生活压力而导致生理或心理健康问题，有时是因其生活态度出现了问题。正是因为其生活态度

① 金元浦主编：《中国文化概论》，中国人民大学出版社 2015 年版，第 205 页。

与现实的生活处境产生了某些认知或现实的偏离，或是个人期望、愿景的不切实际，导致了身心紧张，于是整个人的生命存在被焦虑感和恐惧感所充斥，鲜活的生命存在被异化为社会中的一个个机械“齿轮”。可见，绿色简约生活中所蕴含的生活态度，对于身处焦虑和恐惧之中的人来说具有积极的提振作用。

《论语·雍也》中颜回的“一箪食，一瓢饮，在陋巷。人不堪其忧，回也不改其乐”与《论语·述而》中孔子的“其为人也，发愤忘食，乐以忘忧，不知老之将至云尔”被统称为“孔颜乐处”。颜回身处陋巷，饮食仅仅是“一箪食”和“一瓢饮”而已，换作其他人的话，肯定是早已不堪忍受而焦虑、痛苦，但颜回却“不改其乐”，仍以乐观的态度去践仁行义、进德修业。正如上述，绿色简约生活包含着“道法自然”“并育不害”“与物同体”“取予有度”“顺时取物”等“绿色”之意，它主张尊重自然规律、保护生态环境、维护生物链平衡，重视“节用裕民”“强本节用”“修旧利废”“轻车简从”“食不重味”的“简约”之法，旨在节约自然资源、发展循环经济，可以使人避免社会生活中的浮躁气息，促使人处世平静、生活淡然，能够以“一箪食”和“一瓢饮”的知足乐天心态去生活。当然这并不是说要所有人去过“一箪食”“一瓢饮”般的宗教禁欲式生活，简单的饮食和恬淡的欲望只是绿色简约生活所体现的生活态度的一种外在表现，最终的落脚点在于“回也不改其乐”的“乐”字上面。也就是说，并不是“逼迫”人去重复古人修身进德的古朴生活方式，而是去学习和体悟这种知足乐天般的生活态度和生活理念，去发现和践行这种生活之“乐”，并在此生活之“乐”中去完成人之为人的终极价值目标。

至于孔子的“发愤忘食，乐以忘忧”之“乐”，以至于他的“不知老之将至”，这种恬淡超然生活对处于巨大工作压力、生活压力中的人来说不无重要的启迪意义。现代社会生活中，人虽然可以因为巨大的压力而去“发愤忘食”般地拼命工作，但这种工作状态抑或是生活状态并不是发自内心之所愿，而是一股外在于自身的力量“逼迫”自己去做、去行，这样的一种“逼迫”状态使自身被隔离于生活的乐趣之外，从而茫茫然不知其所以为。绿色简约生活强调人类应在生活实践中发现自身价值，在人与人、人与物、人与自然的和谐关系中转向主体自身，以一种平和的心态待人处世。正因为孔子以“仁民爱物”为己事，以“成己成人”为己任，从而在进行“删述六经”“明仁行道”“兴学济民”的繁重而艰难的事业时能够做到“乐以忘忧”，以至于到达“不知老之将至”的生活境界，将工作的繁重、烦琐之“忧”转化为了生存、生活之“乐”，实现了自身对于生活的把握而不是异化为生活的“奴隶”。

我们不能因生活压力而做生活的“奴隶”，不能惶惶然而不知其“所为”和“所以为”，而应该做生活的“主人”，掌控生活的节奏、压力、焦虑和恐惧，做到居其上而以“我”为主，从而克服生活压力给我们所造成的生理或心理的不良影响，这样反而能够将生活的压力转为我们行动的动力，以至于去追寻生活之“乐”和生活之“趣”。庄子曾说过：“一受其成形，不亡以待尽。与物相刃相靡，其行尽如驰，而莫之能止，不亦悲乎！终身役役而不见其成功，苶然疲役而不知其所归，可不哀邪。”（《庄子·齐物论》）此说与海德格尔的存在主义哲学极其相似。人被动地被“抛”入此世界之中（生活世界），每天都在经历形体的慢慢消亡（向死而生），作为存在者的人每天都在浑浑噩噩地与物“相刃相靡”，意识不到自身存在的意义和价值所在，“终身役役”而不知所为，“苶然疲役”而不知所以为，海德格尔与庄子一样对“在者”的这种存在状态表示“不亦悲乎”和“可不哀邪”！其实每个“在者”即存在者的存在状态可以理解为在此世界中的生活态度，正是由于在生活的流动变化中人们缺乏积极而活泼的生活态度，而致使人们很难体悟到作为“存在者”的“存在”的意义，使自身“僵死”于生活之中而不自知！

绿色简约生活理念告诉我们，人类不能为了生活而生活，不能将生活作为目的，人才是生活的主要内容和价值主体，生活的一切都是为了人的价值实现而设定的特殊“场域”和“载体”。人需要在生活之中去追寻生活之乐，从生活之乐中去完善自己、提升自己、发展自己，而不是被迫地存在于生活之中不能自拔，这便是绿色简约生活所向我们展示的生活态度。这种生活态度会使人以身与心、人与人、人与物、人与自然和谐互动的良性关系为价值载体，体味生活的“孔颜乐处”，体悟生活之中的自然本真、本然之美，去达成绿色、简约地珍爱生活与生命。绿色简约生活“启示世人，应该超越‘小我’，减少追求名利财富的‘小乐’，而达到一种与他人、与社会、与自然和谐共生的‘大乐’。要达到与自然的和谐，社会政治的生态和谐是个前提，而要达到社会政治的和谐，遵守人与自然共有的秩序，或者说一种道德规范，‘循理’以约束自己的行为便是不可缺少的。这对于现代生态危机日益严重，而人们仍然在孜孜不倦追求经济利益的文化价值观应该是一种有用的清醒剂”①。完全可以相信，遵循绿色简约的生活道路，将会消解人的生活压力、生活焦虑和生活恐惧，从而让人们真正地体味生活之美，进而发现生活的真谛。

（三）确立淳朴的生活理想

生活并不只是人类的一种静态的生命呈现和生存状态，而是人类的一种鲜明而活泼的动态的生命创造形式，其中蕴含着人类所希冀的生活状态和生活意义。而生活理想通过生活理想改造和设计人类自身的生命存在方式，以求得“生”的价值和“活”的意义。“绿色”而

---

① 洪梅、李建华：《寻“孔颜乐处”的生态价值取向——从周敦颐到程颢、程颐》，《齐鲁学刊》2012 年第 4 期。

“简约”的价值取向一个重要方面就是确立淳朴的生活理想。

现代社会生活中所出现的许多问题，一个重要根源可归结为崇高生活理想的普遍缺失，人们只是为了生存而生活，于是“活着”成了生活的全部内容。但是，人的生命并不只是机械般的存在，它还蕴含着对生活理想的表达和期望——希望生活得更好和更有价值。正如孔子所说：“志于道，据于德，依于仁，游于艺。”（《论语·述而》）它指的是人们应该树立以“道”为标榜的崇高信念、培养以“德”为标的的品德行为、心怀以“仁”为基础的慈爱境界、陶冶以“艺”为表现的高雅情操。孔子这句话的主要内容虽然是针对人们如何能够达到和完成进德修业的君子之学，但无论君子之学的进德抑或是修业皆不是在离群索居、闲云野鹤的脱离生活的状态下完成的，而是在一定的生活场域下所达成的人生目标和理想信念，因此“志道”“据德”“依仁”与“游艺”也可以理解为人在现实生活状态下怎样达成君子所希冀的生活方式，即向上向善生活理想的完成。

其实，人类生活理想的主要内容无非是孔子所讲的“志”“据”“依”和“游”四个方面，即人之生活理想“志”于何理、“据”于何行、“依”于何境、“游”于何事。联系绿色简约生活方式和价值取向来说，“理”便是人与自然的和谐共生、共存、共处，不以人类中心主义为价值标的，尊重万物、众生平等；“行”便是坚持“以人为本”的消费方式和正确的生活态度；“境”便是万物一体、一体之仁的“生生”之意；“事”便是培养生活旨趣，以体认自然之美和生活之趣。所以，绿色简约生活理想的终极价值取向即是达到“道”“德”“仁”“艺”的综合统一。它既要求对“严肃”的生态伦理思想的价值认知，也希望人们能够在“活泼”的生活状态下去珍爱自然环境，而不是过宗教式的“出世”般的禁欲生活，是生活内容和生活旨趣的统一。

绿色简约生活所提倡的生活理想虽然讲求“道”“德”“仁”

“艺”的综合统一，但它并不是把鲜活的生活过程与生活理想打成两截。在绿色简约生活方式的语境中，生活与理想被统一于生命自然呈现的生活过程之中，并不是“生活”之上另立一个“理想”，更不是“理想”之上另立一个“生活”。绿色简约生活方式的“生活”就是“理想”，“理想”就是“生活”。

> 每天早上6点半，60多岁的本特照例骑上他还是在服兵役时买的自行车赶到隆德火车站，提着有些脱漆的公文包坐火车去马尔默开始一天的工作。到了下午4点多，本特再按原路线返回。吃完晚饭后和夫人聊会儿天，便各自在灯下阅读。他们参加了一个读书会，每周末定期活动，大家分别朗诵一些书本段落，然后互相交流读书体会。除此之外，他们有空会做些雕塑或带着狗出门走走。事实上，本特是一位国际知名的外科专家，曾多次担任欧洲外科协会轮值主席，在外科领域颇有建树，只是朴素的外观和低调的言语很难让人第一眼把他和他的成就联系起来。他有辆沃尔沃，这几十年来他就换过两次车，一次是到年限必须更换，一次是他夫人肩膀摔伤后把手动挡换成自动挡，两次换车都是同一品牌同一型号，包括颜色也没变，因为他们觉得够用了，没必要咋咋呼呼地开出一辆豪车“扰民”，尽管以医生的收入他完全可以买得起。另外，他的车只在周末偶尔用用，更多时间他还是喜欢搭乘公交出行。“在隆德的私家车已经10年零增长了。这样不仅环保，而且更简单省事。”他说。本特说的没错。在隆德以及北欧很多类似的小城里，人们早已习惯一种简简单单、安安静静的生活状态。[①]

这是对一位北欧人日常生活的描述，看似平淡的生活却蕴含着意

① 张颂恩：《北欧人喜欢简约生活》，《环境教育》2015年第4期。

味深远的生活理想，充分显示了绿色简约的生活蕴含。在简单而安静的生活状态下，这位具有充足经济实力的北欧人没有选择购买豪车，反而为了环保骑着陈旧的自行车或搭乘公交车出行，用他自己的话来说便是“不仅环保，而且更简单省事”。这并不是他个人的特例，在他所在地区隆德的私家车增长率已经连续10年零增长，因为“人们早已习惯一种简简单单、安安静静的生活状态”。他并不是在过一种禁欲式的生活，在闲暇时他还会参加读书会、做雕塑、牵着狗去户外……这种朴实而低调、环保而简单的生活方式已经成为这位北欧人甚至这个地区的生活常态。在这种生活常态中，“道”“德”“仁”“艺”被融为一体，绿色简约生活的本身便是他们生活的理想。既有“极高明”的生活理想，又有“道中庸”的平实生活，在践行生活理想中真正做到了“知行合一”。总之，绿色简约的生活理想便是让人们依托“绿色简约”式的生活内容和生活旨趣（“道”“德”“仁”“艺”的综合统一）去完成“绿色简约”般的生活价值和生活意义，即在平实而现实的日常生活中做到“知行合一”，实现“极高明而道中庸”的生活境界，以获得生活的安宁和生活的真谛。

五　绿色简约生活的基本理念

赵馥洁不无深刻地指出：“生态失衡和环境污染之所以产生，从价值观念言之，是由于近代工业文明以来，西方主流文化以追求物质利益价值为至高取向，以改造自然、征服自然、奴役自然为满足物质欲望的基本途径，以拥有支配自然和其他物种生命的权力为确认和提升人的主体价值的根本方式。”① 中国传统生态伦理思想以其直观或顿悟

① 赵馥洁：《中国传统哲学价值论》，人民出版社2009年版，第251页。

式的思维方式思索着天人关系这一重要而古老的哲学命题，以生命的感悟和对生命的关怀密切关注着人与自然的关系互动，并将人与自然关系的互动赋予内在价值或道德伦理，从而为当代绿色简约生活提供了深厚的生态伦理智慧。其中，儒、道、释三家的生态伦理思想尤为丰富而深邃，最能代表中国传统生态伦理思想的价值内核，它们为绿色简约生活方式和价值取向的形成、完善提供了中华民族特有的理论土壤和思想源泉。据此，本小节将在第二章的基础上进一步根据儒、道、释的生态伦理思想来具体阐释绿色简约生活的三大基本理念。

（一）天人合一

如前所述，天人合一思想集中体现了儒家的生态伦理思想，它主张人与自然的和谐相处。儒家承认人是自然的一部分，并与自然万物处于密切关联的一个整体之中。人道本于天道（自然），天道（自然）需要依靠人道进行彰显，从而人道与天道（自然）被置于天、地、人三才的辩证统一的立体时空框架之内。据此儒家形成了“成己成物”“参天地之化育”“与天地合其德”“制天命而用之”等天人关系学说，蕴含了丰富的自然生态伦理思想。

儒家天人合一的整体生态伦理观与西方传统的二元主义、主客二分、绝对主义形成了鲜明的对比：“西方哲学传统里最显现的特点就是二元主义和绝对主义，而由此产生的最特显的现象就是哲学家自己的绝对化和由此而生的人我或主客两极化的极端对立”①；儒家不像西方二元主义思想那样将人与自然做机械而僵硬的主客二分，而是将人纳入自然的“氤氲化生”“生生不息”“大化流行”的孕育生命的过程之中，避免了人类与自然产生对立性或对抗性的紧张关系，形成了“利万物”“爱万物”“化万物”的自然生态伦理思想。正如德国

---

① 唐力权：《周易与怀德海之间》，辽宁大学出版社 1997 年版，第 7 页。

哲学家赫尔曼·凯泽林所说："在对自然的控制方面，我们欧洲虽然远远跑在中国人的前头，但作为自然意识的一部分的生命，它在中国找到了最高的表现。然而，无论作为自然的统治者还是自然的臣民，我们毕竟是自然的一部分，这种基本的综合是不变的，中国人是完全意识到这种综合的，而我们都没有。在这种意义上他们比我们站的更高远些。"① 儒家的自然生态伦理思想没有将自然作为一个静止的、外在的、绝对的不同于人类的客观实在，而是认为人与自然原为"一本"，本无"二别"，爱惜自然就等于爱惜人类自己，尊重万物生命就是尊重人类自己的生命，体悟宇宙生生不息之理便是体悟人类的生存之道。总之，儒家认为人类应该秉持"以天地万物为一体"的人生境界，做到"亲亲""仁民""爱物"，进而效法天地的厚德载物和生生之义——"天地之大德曰生"（《周易·系辞》），从而上揆天道、下尽人事，做到人与天（自然）的和谐共生，促进人类社会的可持续性发展和自然生态环境的平衡性存在。

绿色简约生活方式和价值取向与儒家天人合一的生态伦理观相契合，与儒家的"取予有度""顺时取物"和"强本节用"主张相一致，二者都有助于使人爱惜自然环境、珍惜自然资源，提高自然资源的利用效率。

2015 年 9 月 11 日，中共中央政治局通过的《生态文明体制改革总体方案》明确提出要坚持节约资源和保护环境基本国策，坚持节约优先、保护优先、自然恢复为主方针，立足我国社会主义初级阶段的基本国情和新的阶段性特征，以建设美丽中国为目标，以正确处理人与自然关系为核心，以解决生态环境领域突出问题为导向，保障国家生态安全，改善环境质量，提高资源利用效率，推动形成人与自然和谐发展的现代化建设新格局。绿色简约生活方式从总体来说，就是一

---

① 柳卸林主编：《世界名人论中国文化》，湖北人民出版社 1991 年版，第 308—309 页。

种绿色低碳、循环利用、资源节约型生活理念，它主张人类在生存和生活中尽可能地爱惜自然环境和节约自然资源，从而促进人类自身和自然生态环境的可持续性发展。伴随着人类科学技术的进步、技术工具的更新、生活节奏的提速、欲望需求的膨胀，自然生态环境及资源仅仅被人类当作满足自身需求的工具，将自然作为被征服、利用、掠夺的对象性客体，从而造成了当今严重的生态问题和生态危机。

人类为了发展经济，提高生活物质水平，而无休止地践踏生态环境的自然权利和内在价值，将人类自身凌驾于自然之上，为自然立法，以自然为奴。与之不同，在儒家生态伦理思想中，孟子讲道："不违农时，谷不可胜食也；数罟不入洿池，鱼鳖不可胜食也；斧斤以时入山林，材木不可胜用也。谷与鱼鳖不可胜食，材木不可胜用，是使民养生丧死无憾也。养生丧死无憾，王道之始也。"（《孟子·梁惠王上》）要想做到"胜食"和"胜用"，便要尊重谷物耕作之"时"、鱼鳖生育之"时"和山林生长之"时"，从而做到"以时取物"和"顺时用物"，以至于达到"使民养生丧死无憾"的"王道之始"，将自然生态环境的问题提高到仁政王道的层面，可见孟子对待自然生态资源的重视程度何等之高。

荀子也讲："圣主之制也：草木荣华滋硕之时，则斧斤不入山林，不夭其生，不绝其长也。鼋鼍鱼鳖鳅鳝孕别之时，罔罟毒药不入泽，不夭其生，不绝其长也。春耕、夏耘、秋收、冬藏，四者不失时，故五谷不绝，而百姓有馀食也。污池渊沼川泽，谨其时禁，故鱼鳖优多，而百姓有馀用也。斩伐养长不失其时，故山林不童，而百姓有馀材也。"（《荀子·王制》）如孟子一般，荀子同样强调"以时取物"和"顺时用物"的重要性，并将谷物、山林、鱼鳖的"谨其时禁"和"不失其时"纳入"圣主之制"中进行阐释，足见荀子对待自然生态环境之重视程度。

儒家生态伦理思想在强调"以时取物"和"顺时用物"的同时，

还主张“以节用物”和“物尽其用”“政在节财”“强本节用”“开源节流”等，这些思想对于现代社会中的人养成绿色俭朴生活方式有着较强的根源性意义。此外，儒家倡导的“节用而爱人，使民以时”（《论语·学而》）、“节用裕民，而善臧其馀”（《荀子·富国》）、“用天之道，分地之利，谨身节用，以养父母，此庶人之孝也”（《孝经·庶人》）等论说，同样主张节用人、事、物，以应天时、以用地利，并将节用思想提高到“仁爱”“孝道”和“富国”的高度。它们启发我们，在全社会提倡节约自然资源和提高自然资源的利用效率，不仅是人与自然的良性融合要求，更是人与人、人与社会、人与国家良性和谐的关键。

现代社会生活方式充斥着浪费之行和奢侈之风，为了个人的“面子”“排场”“欲望”肆无忌惮地挥霍着自然资源。2016 年 11 月底，中科院地理科学与资源研究所课题组公布的一项 2013 年至 2015 年的调查结果显示，我国餐饮食物浪费量为每年 1700 万至 1800 万吨，相当于 3000 万到 5000 万人一年的口粮。[①] 浪费行为和奢侈之风不仅对个人产生了负面的经济影响，还加重了社会的负担，损害了国家的形象，不利于个人良好生活习惯和文明社会风气的形成。

以仁爱道德情感为核心的儒家生态伦理思想，强调以“一体之仁”的内在感悟和外在践履来关爱生态环境和自然万物，以己身生存状态的同情、同感来度量己身之外的人和万物，做到以心度心、以情度情和以类度类，真真切切地以生命的内在感悟去爱护自然生态环境和节约自然资源。“以时取物”和“以节用物”理念将人与自然纳入人—社会—自然动态而平衡的统一整体之中，力主善待自然、尊重生命、体悟人生，充分体现了绿色简约生活所提倡的价值理念。

儒家天人合一思想要求我们过一种绿色简约生活，提倡“绿色”

---

① 参见路中林《杜绝各类“浪费合理”的行为》，《南方日报》2017 年 1 月 20 日。

而“简约”的生活，主张人类在衣食住行、社交休闲、娱乐消费等方方面面做到“合时”和“合节”，既要遵循自然之“时”，也要把握欲望之“节”，做到由简去繁、去伪存真而返归生命、生活之本真，从自我做起，从点滴做起，真正地将绿色简约生活理念落实在我们自身生活的方方面面。

（二）道法自然

道家的生态伦理思想与儒家一样都认同人类与自然之间具有不可分割的密切关系，都强调人类本身便是自然的一部分，人与自然为一个统一的整体。但是，道家之生态伦理思想与儒家之生态伦理思想又有着较大的不同。儒家注重“人”之“人文化成”，强调以“人”为理论原点，以社会和国家的有序性和秩序性为最终理论导向；主张以“仁爱”之心去“参天地之化育”，通过自然之“大化流行”和“生生不息”的体悟去实现“人道”的践履。而道家的生态伦理思想则是以自然—道为理论原点，在“道”的视域下去界定人与自然的关系，去规范人类的生活实践行为。

道家生态伦理的核心理念是“道法自然”，它认为道是自然万物的本真状态，是一切自然万物的共相和共性，更是世间万物的本质源头。正如老子所云：“有物混成，先天地生。寂兮寥兮，独立不改，周行而不殆，可以为天下母……人法地，地法天，天法道，道法自然。”（《道德经》第二十五章）“道”之为物，其性状为“寂”而“寥”，不可捉摸，“道”不依靠万物而存在，而万物则依“道”而生，故而万物应顺应“道”之规律，遵循自然法则，从而做到道法自然。道家所体认的“道”其实就是“自然”，就是不依靠人类意志为转移而独立不改和周行不殆的自然规律。“道”囊括宇宙时空中的万物：“道生一，一生二，二生三，三生万物。万物负阴而抱阳，冲气以为和。”（《道德经》第四十二章）万物被纳入“和”的统一整体性之中，万物在此整体性系统之中并育、并行互不妨害："普天下有形之物各有其功，各有其能，各有其才，各有其用。"（《庄子·秋水》）世界万物虽然其形态、功能各异，但被"道"统一地融为一体："以道观之，物无贵贱；以物观之，自贵而相贱：以俗观之，贵贱不在己。"（《庄子·秋水》）

道家生态伦理思想承认并尊重万物各自的内在价值，认为物无贵贱、万物一体。这种万物平等的生态伦理观，结合道家以"道"为本源的整体性系统观，将个体的内在价值与自然的整体价值融为一体。庄子曰："天地与我并生，而万物与我为一。"（《庄子·齐物论》）这说明个体性价值的实现与整体性价值的完成密不可分、互为前提。因此，道家生态伦理思想认为应平等看待自然万物，顺应自然万物的发展规律，不可肆意地人为干扰自然万物的本初状态。著名人文主义物理学家 F. 卡普拉做出了这样的评价："在伟大的诸传统中，据我看，道家提供了最深刻并且最完美的生态智慧，它强调在自然的循环中，个人和社会的一切现象和潜在的两者的基本一致。"①

绿色简约生活方式与道家"道法自然"的生态伦理观一脉相承，共同倡导人类在生活实践中平等地尊重万物生命和自然的内在价值，不可将人类的价值内涵强加于自然万物之上，要以"返璞归真""吾以观复""知足不辱"的生活态度和价值理念调整人类自身的生存生活状态，调节人类自身欲求不满的生存或生活模式，从而回复生命本真，发现生活的恬静之美。

纵观现代世界所发生的种种生态危机——全球气候变暖、臭氧层被损害和破坏、生物多样性减少、酸雨雾霾气象灾害、森林植被锐减、水土流失土壤荒漠化、大气污染、水污染、海洋污染、核污染……皆是人类肆意妄为地违背自然规律、过分自大地将己身置于"道"（自

① 葛荣晋：《道家文化与现代文明》，中国人民大学出版社 1991 年版，第 194 页。

然）之上所导致的，再加上人类自身无限膨胀的生存生活欲求，更进一步加剧了危害人类生存、生活的生态困境和生态灾难。

埃及阿斯旺大坝的修建案例颇能为我们提供因人类自身欲望而漠视自然规律而让人类自食恶果的一个真切实例。埃及阿斯旺大坝曾是人类水利工程史上的骄傲，历时十多年才修建完毕，是当时世界上规模最大的高坝工程，可控制突发性洪水，提高灌溉面积和效率，提供巨大而廉价的工业用电，是集防汛、蓄水、灌溉、航运与发电为一体的大型水利工程。但仅仅过了 20 年后，由于当时人们对于自然规律认识不足，水坝所造成的生态危机便逐渐凸显出来：水坝辐射范围内可耕地土壤质量下降、土壤盐碱化问题严重、尼罗河水质污染、血吸虫病突发。正如胡绍华所说："阿斯旺大坝给埃及带来的经济效益是可以计算出来的，但对生态和环境的影响是不可逆的，更是难以用资金这个单一标准来综合衡量和测算的。大坝当前的后果我们可以看到，几十年甚至上百年之后，它对生态环境甚至人类的影响我们还很难预料。如何准确可靠地观测生态和环境的变化也是一个难题，究竟以什么标准和数据信息来对超大型水利设施的效果进行科学公正的评估？如何权衡判断利与弊，这些问题尚需要我们反思和深入探讨。关于阿斯旺大坝功过的争论还要继续很长时间，历史会告诉人类，只顾眼前利益、忽视生态规律是要付出昂贵的代价的！"①

历史会告诉我们答案，同样，自然也会告诉我们答案！正如文中所讲的，我们应该以什么样的标准去评估人类为了自身利益而做出的事情呢？以及如何权衡利与弊呢？答案就是自然。人类在为了满足自身利益和需求欲望而去攫取自然资源的时候，忘却了其最大的利益便是自然本身。因为人就是自然的一部分，人类的内在价值嵌于自然的整体价值之中，需要依靠自然的价值来实现人类己身的价值，这就是

① 胡绍华：《阿斯旺大坝的经验教训》，《中国三峡建设》2004 年第 3 期。

道法自然。现代物理学家拉兹洛的看法与道家不谋而合："宇宙中的所有粒子和力都是这幅图景的组成部分。不存在外力的力和独立的事物，每一个粒子、每一种元素都与每一个粒子、另一种元素相互作用，在相互作用中并通过相互作用构成自身。相互作用和自我证明是统一的、完整的宇宙系统的基本特征。这是我们这个世界的基本事实。在这种自我进化的、动态的和统一的现实中，人不是外来者而是有机的组成部分。这些年来，不仅诗人和哲学家，而且顽固的经验主义科学家也逐渐形成了人和宇宙一体化的看法。"①

遵循道法自然的价值理念，要求我们不只要尊重自然万物和顺应自然规律，还要深刻体悟和反省人类自身欲望需求的内在满足规律。绿色简约生活方式要求我们做到"知止不殆"和"寡欲节用"，提示人类知道自己在生活方式的选择上"止"于何方、"止"于何时、"止"于何处，以清醒地认识到"事物固有的限度，以限制和禁止那些'极端'、'奢侈'、'过分'的行为。既然天地万物都有自己的限度，人的行为就应当有所'禁止'；既然人的行为应当有所'禁止'，人的欲望就应当有所'满足'，有所克制"②。这是说，要将人类欲望需求的满足规律与自然生态规律密切结合、相辅相成，明白人类实践活动的"限制"和"限度"，使其顺应自然生态的内在发展规律，从而实现人与自然的和谐共生。

处于经济全球化和高度工业化文明的现代人，面临着人类历史上最为严重的生态危机和生态困境，无论物质上还是精神上都将因生态问题而承受巨大的压力。绿色简约生活积极汲取道家"道法自然"的生态伦理智慧，倡导人们过一种虚静、恬淡的生活，以获得生活的安宁和心态的平静，最终实现人与自然之间的和谐的互动关系，并使人

---

① ［美］E. 拉兹洛：《决定命运的抉择：21 世纪的生存抉择》，李吟波、张武军等译，生活·读书·新知三联书店 1997 年版，第 82 页。

② 王国聘：《中国传统文化中的生态伦理智慧》，《科学技术与辩证法》1999 年第 1 期。

们“返璞归真”，发现生活的真趣。

（三）众生平等

佛学思想蕴含着丰富而深邃的生态伦理观。它在论述人与自然关系时，其侧重点与儒家、道家不同。儒家生态伦理思想以天道佐证人道，最终落实在“人”对于“人道”的完成，并以人道的“仁爱”精神实现人与自然的和谐相处，达成人—社会—自然三者和谐的系统性整体。道家直接从不以人类意愿为转移的客观性的“道”出发，提出道法自然的生态伦理理念，要求对人类主体性进行适当的调节、约束，旨在尊重和顺应自然规律和自然万物，进而调节人与自然的对立、冲突，达到“返璞归真”“吾以观复”的生活境界。

佛学的生态伦理思想则直接开门见山，凸显众生平等理念，强调人类与山林草木、河岳山川、自然生物在本质上是一样的，即“人人皆有佛性”；认为自然万物皆有与人类一样的情感和生命价值：“悉能忍受一切诸恶，于诸众生，其心平等，无有动摇”（《华严经》），“一切众生悉有佛性，如来常住无有变易”（《大般若经·卷 27》）。既然人与自然万物皆有佛性，那么人类与自然万物在本质上就是平等的，这与儒家、道家的对于自然万物的生态伦理观不同。儒家与道家所认为的“万物一体”，总体而言是从“仁爱”“道法自然”等观念出发，即以“观念”或“义理”方面的认识为起点，以“同情”或“同理”的体认为中介，达到“万物一体”的伦理感情的扩充。由此可见，儒家与道家所讲的“万物一体”“民胞物与”“物无贵贱”只是从“观念”上讲，是一种价值判断，而不是事实判断。而佛学中的“众生皆有佛性”之说，则是从价值判断和事实判断两个方面皆认为人类与众生在本质上是一样的。“菩萨摩诃萨于四大身生药树想，随诸众生须手与手，须脚与脚，须眼与眼，须肉与肉，须血与血，须骨与骨。”（《集一切福德三昧经》）故而，佛学中人与自然为一体的思想，较之儒家、道家更为彻底，从价值和事实两个方面皆做出万物一体、众生平等的结论。“一切皆惧死，莫不畏杖痛，恕己可为譬，勿杀勿刑杖；能长安群生，不加诸楚毒，现世不逢害，后世常安稳。”（《法句经)》所以佛学中有“戒杀生”“戒荤”“超度众生”等思想和戒律，强调“一体之情”和“一体之感”。

佛学众生平等的生态伦理观还直接体现为“依正不二”的生态伦理观。“依”就是业力得以产生的环境，“正”就是由业力而产生的生命主体。环境与生命主体是“一”不是“二”，人类与自然环境、自然生物无本质的区别。无论从佛性还是自然生命来讲，人类与自然是“不二”的，人类与自然万物是平等的，从而对人类中心主义进行了最为彻底的批判。佛学从个体生命“正”和自然环境“依”两个方面着手，指出人与自然生态环境本应具有和谐关系，从而形成了爱护自然生态环境、尊重生命、爱护生命等生态伦理思想。美国环境伦理学会会长罗尔斯指出：“禅宗佛教懂得，我们要给予所有事物的完整性，而不是剥夺个体在宇宙中的特殊意义，它懂得如何把生命的科学和生命的神圣统一起来。”①

据相关资料显示：

“我国畜牧业使用抗生素的量，已远远超过人使用量的总和。”北京大学临床药理研究所副所长肖永红目前在接受记者采访时如是说。据悉，自20世纪90年代以来，药物残留超标已使我国出口动物性食品屡屡被拒。2002年初，欧盟宣布全面禁止进口中国的虾、兔和家禽肉等动物性食品和水产品，由此导致2002年上半年中国水产品出口下降70%以上……抗生素在养殖业泛滥成灾与其背后的经济利益息息相关。据悉，使用抗生素不仅可使动物抗病

① 参见邱仁宗《国外自然科学哲学问题》，中国社会科学出版社1991年版，第252页。

能力提高，还可让它吃得更少，长得更快。中国疾病预防控制中心专家冉陆表示，由于抗生素在动物饲养过程中被长期低剂量使用，动物会逐渐产生耐药性，这种耐药菌可通过粪便直接污染环境、水、食品，还可通过直接接触传染给人。此外，长期食用“有抗食品”，消费者的耐药性也会不知不觉地增强。[①]

人类为了单纯地提高经济效益，在动物养殖过程中肆无忌惮地使用过量的抗生素，以让养殖动物提高抗病性，从而提高产品输出效率，还能让养殖动物吃得少、长得快，进而保证最大的经济效益。但是，过量的抗生素致使养殖动物产生了耐药性，这种耐药性不仅对养殖动物的身体造成了难以修复的伤害，而且会间接地对我们人类产生难以估量的负面影响，更会对自然环境、水造成污染。“据统计资料显示，渤海底层的水产资源只有20世纪50年代的1/10，我国独有的高经济品种——渤海的特产中国对虾，近20年产量已锐减九成。原盛产于渤海的一些珍贵的铁钳蟹、比目鱼、黄花鱼、鲈鱼、鲅鱼、蛤蜊等特色水产品，相继出现了断档或灭绝。以大连的斑海豹为例，斑海豹属国家二级野生保护动物，是中国鳍脚类的代表种，又是唯一在我国海区繁殖的鳍脚类种类，因长期被滥捕，资源已遭受严重破坏，数量锐减。目前，辽东湾斑海豹仅剩千余头，属濒危物种。海洋渔业专家说，渤海水产资源50年后才能恢复到20世纪70年代的水平。”[②]人类为了与日俱增的饮食之欲，对海洋生物进行滥捕滥杀，致使海洋生物量出现断档甚至是灭绝，从而打破了海洋环境的整体性平衡。

生命是佛学生态伦理思想的核心，佛学的生态伦理观皆由对生命的体认而产生。人类不能只是爱惜自己的生命，还要爱护自然万物的

---

① 王子彦：《环境伦理的理论与实践》，人民出版社2007年版，第184页。

② 张宁：《海洋的红色警告》，《大连日报》2004年6月17日。

生命。反观当今出现的生态困境和生态危机，归根结底是由于对生命观念的漠视所导致的，因而需要积极地借鉴和学习佛学众生平等的生态伦理思想，将人类价值与自然环境价值、自然生物乃至万物价值融为一体；而不能将人类价值凌驾于自然万物之上，据此尊重生命和热爱生命，从而体现绿色简约生活所提倡的生命观。

佛学主张珍爱万物生命，将自然生态环境当作己身一样来珍惜和爱护。绿色简约生活也认为，一切生活方式和生活理念皆是对生命的一种体悟和实践，有什么样的生活方式就有什么样的生命态度；生命之美便在于生命流动中所体现的平静，源于人类对自身需求、欲望的合理节制。正如一则公益广告所言："没有买卖，就没有伤害"。自然生态环境的污染和破坏来自人类无限膨胀的私欲，直接体现为现代人生活方式的焦躁和不安，丧失了生命原本的平静之美和生活的本真之静。不妨让我们放慢脚步，回到自然之中去寻找生命和生活的答案。

第六章

生态伦理的现实建构

当今的现实生活中，在一种人类中心主义的观念主导下，人们习惯于认为自己是自然的立法者而凌驾于自然之上，把征服自然看作自己最大的成果和乐趣，这导致了人的生态环境急剧恶化。要解决人类面临的“生态囚徒”困境，就务必致力于生态伦理的现实建构，而要建构务实高效的生态伦理，就必须树立最优化的生态思维、加强生态伦理教育、注重环境道德建设、继承中国传统生态伦理资源、推动生态文明建设和开展生态道德活动。

一　树立最优化的生态思维

最优化最早属于应用数学解决问题的一般性框架，后来广泛运用于经济计划、工程设计、生产管理、交通运输、国防决策和环境保护等重要领域。如今，最优化既成为生态伦理学推崇的重要方法论原则，又是其处理生态环境与人类社会关系的和谐性思维，更是调节天人关系、追求双方更好发展的价值观。

生态伦理学视域中的最优化包含着多种层次和多种指向：人生最优、社会最优和环境最优，发展优先与保护优先，这些都给人类提出了价值选择的难题。生态中心主义者自然强调应当生态优先、环境保护优先，应当追求生态效益最大化、最优化；人类中心主义者必定凸显社会发展优先、人的需求满足优先，特别是注重经济发展优先。

我们提倡的最优化价值观，包含多方面的原则规定。

（一）综合效益原则

把生态文明、个人发展和社会发展纳入一个整体系统中加以考量，防止顾此失彼、倚轻倚重，着力解决这三方面的矛盾、冲突，既兼顾生态效益、人文效益和社会效益，又实现包括生态环境稳定、和谐价值目标的总体系统最优化。尤其是在做经济社会决策时，不能单纯追求经济效益，而应慎重考虑决策的多种或隐或现的实际社会影响，注意从生态伦理角度权衡其对人的影响、环境的影响和社会的影响，尽可能避免负面影响，或把负面影响降到最低。

（二）最大化原则

毋庸置疑，“大”并不等于“好”，“最大化”并不等于“最优化”，现实表明，大而不优的现象可谓司空见惯。著名生态伦理学家霍尔姆斯·罗尔斯顿指明了“最优化”思维方式和“最大化”思维方式的区别：“最大化思维是什么带来最多就怎么做，而最优化思维是什么带来最好就怎么做。”[①] 为此，他主张应从最大化思维转向为最优化思维，要在追求社会利益和生态利益的前提下实现人类的利益，在追求生态环境与社会发展的动态平衡中实现可持续发展。但是，笔者认为，生态伦理的建构，既要大力提倡价值的最优化，也要注重价值的最大化。以往，最大化被理解为经济利益的最大化，一味

① 叶平：《关于环境伦理学的一些问题——访霍尔姆斯·罗尔斯顿教授》，中国人民大学复印报刊资料《伦理学》2000 年第 2 期。

讲究 GDP 至上，以制造经济神话为荣。与之不同，现代生态伦理学所倡导的最大化原则是要求把它从狭隘的经济指标中超拔出来，而强调生态效益、经济效益、社会效益和人文效益的总体最大化，着力维护生态安全，努力实现环境与社会的和谐、自然与人文的和解、生态与文明的和合。

（三）多赢原则

传统社会特别是西方社会基于二元对立的思维方式，往往将人与自然、人与人、人与社会、自然与社会视为主体与客体之间的关系，并由此强调彼此之间的统治与被统治、改造与被改造、征服与被征服，进而看成你输我赢的关系。实际上它们属于互为主客体关系，彼此相互为用、相互依存、相互成就。如果人类还是固守传统的主客二分思维模式，以一种傲慢与狂妄的征服者的姿态去认识和处理人与自然之间的关系，就会造成“一赢一输”的对立困境，就会引发大自然对人类的无情报复，甚至可能形成生态危机与经济停滞的恶性循环。反之，坚持生态优先、环境优先的原则，虽然有可能一时牺牲经济发展的速度、影响人们收入的提高，但是如果保持人与自然关系领域的合理度，就能够达到环境平衡、生态良好、社会发展和人类幸福的多赢效果。正如霍尔姆斯·罗尔斯顿深刻指出的：“森林的经济利用与生态利用二者是对立的，采用砍伐则输掉了生态效益，得到经济效益。但采用在一定生态限度内的采伐，森林的经济与生态二者兼顾，既赢得生态效益，也赢得经济效益，这里关键是决策应当能使对立面妥协。”①

---

① 叶平：《关于环境伦理学的一些问题——访霍尔姆斯·罗尔斯顿教授》，中国人民大学复印报刊资料《伦理学》2000 年第 2 期。

二　加强生态伦理教育

知与行是统一的，没有知就没有行，没有行也没有知，必须做到“知行合一”。教育是生态伦理发展的重要途径，它可以使受教育者从生态无知变为生态有知，从生态道德文化知之不多转化为知之较多。“知其善才能行其善，了解和掌握必要的生态知识，是公民履行生态责任的前提。公民的生态道德素养较低，与接受的生态教育不足、生态知识素养缺乏有关。……要把生态破坏造成的严重后果呈现给受众，以强烈的视觉冲击力唤醒公民内心深处的生态良知、不断激发生态觉悟，促使他们在现实生活与工作实践中自觉反思和审视自己的需要、欲望与行为，进而不断矫正自己的不合理需求、克制不良欲望并减少盲目行为，实现生产方式、生活方式、消费方式的绿色化。”①

在全球生态危机加剧的大背景下，生态伦理教育作为一种重要的素质教育形态越来越受到社会的广泛重视。生态伦理教育既是构建当代社会生态文明的需要，也是调适新型天人关系的需要，同时还是全面推进素质教育的需要。2020 年新冠肺炎在世界上的大流行，再次证明生态伦理教育的极端重要性。它旨在以可持续发展和永续发展的理念审视人与自然的伦理关系，从生态视角思考物种之间、人际之间、代际之间应有的平等、和谐关系。它力图借助于教育手段和教育方式培育塑造简约与富裕并举、生态与发展共存的生活观念与生活方式，克服长久以来形成的人类对自然控制、征服和主宰的主人情结，培植尊重生命、尊敬自然、追求人类与自然和谐相处的平和心态和忧患意识，培育与自然和谐相处的生态伦理道德观，进而培养新时代适

---

① 龙静云：《从新冠肺炎疫情看生态道德建设》，《光明日报》2020 年 2 月 17 日。

应生态文明建设需要的“生态人”。

毫无疑问，生态伦理教育不能靠单一的“说教”、灌输，否则，就很容易变得枯燥无味，必须让生态伦理教育变得更加生动，更有趣味性，更加灵活各样。为此，必须推动生态伦理思想观念通俗化、大众化、社会化，采取镶嵌式、互动式、体验式等多种方式宣传生态伦理、生态文化知识。尤其是要注重发挥国民教育在生态伦理教育中的基础性作用，充分利用好各种载体宣传生态伦理文化，为广大民众提供日迁善而不知的环境。

（一）注重生态伦理学校教育

世界许多国家非常重视学校的生态伦理教育，注重把环境教育与生态伦理道德教育相结合。在美国和日本，不少大学已经普及生态教育公关基础课程，并专门设置了培养生态教育师资的专业。在俄罗斯，生态伦理课程已成为文理科大学生的必修课，并且把生态伦理知识作为一种世界观和价值观传授给学生。对生态环境整治任务艰巨的中国来说，也应该把生态道德作为大中小学素质教育中的重要一环加以强化。各级各类学校加强生态伦理教育，应当遵循学生认知规律和教育教学规律，按照一体化、分学段、有序推进的原则，把生态伦理文化全方位融入学校思想道德教育、文化知识教育、艺术体育教育、社会实践教育各环节。对不同学段、不同年龄的学生要制定不同的教育目标，循序渐进地把生态伦理融入各个教学过程，使之入教材、进课堂，为学生创设有利于生态伦理教育的环境。

应围绕生态伦理教育，完善课程标准修订和课程开发的研究论证、试点探索和推广评估工作，在课程和课程标准修订中强化生态伦理内容，面向各级各类学校重点建设一批生态伦理精品视频公开课，鼓励各地各学校充分挖掘和利用本地生态伦理资源，开设体现关注动物、呵护生命等专题的地方生态伦理文化课程和环保校本文化课程。

应把生态伦理融入校园文化建设之中。校园文化是指在学校这一特定空间内工作、学习和生活的师生员工历史形成并共同拥有的校园价值理念、群体意识以及这些价值理念和群体意识在物质、精神、制度等层面的具体表现。它主要由校园物质文化、校园精神文化、校园行为文化和校园制度文化四个层面组成，具有导向功能、激励功能、教育功能、凝聚功能和规范功能。生态伦理要实现传承发展，就必须将其融入到校园文化建设中，不仅要推进传统生态伦理文化进课堂，也要积极推动传统生态道德文化进整个校园，使其渗透到校园文化生活各个方面。这既是生态伦理教育的重要途径，也是丰富拓展校园文化的有效手段。要借助于将生态伦理融入校园文化，培育广大师生对自然、对环境的强烈责任感和使命感，使其产生对生态环保强烈的认同感、自豪感和荣誉感，确立生态价值观念，正确认识和把握人与自然的辩证关系，自觉地按照生态伦理的各项规范约束和规范自己的行为，养成热爱自然、珍惜动植物、维护优美环境的良好习惯和文明举止。

（二）注重生态伦理家庭教育

家庭既是以一定物质为基础与纽带并拥有共同核心意识的社会单位，是社会的主要单元和基本设置之一，也是用于供养老人、性满足、经济合作等普遍人类亲密关系的基本单位，是由具有婚姻、血缘和收养关系的成员长期居住的共同群体。新时代，要致力于营造浓厚的家庭生态道德教育氛围，利用环保日、植树节等节庆文化丰富家庭道德教育的内涵。自古至今，中华大地流传着许许多多教人厉行节约、崇尚自然的名言、故事。《论语》记载，孔子要求子路、曾皙、冉有、公西华各自表达自己的志向，当曾皙说：“暮春者，春服既成，冠者五六人，童子六七人，浴乎沂，风乎舞雩，咏而归。”（《论语·先进》）孔子表示高度赞赏。家庭教育中应当充分利用诸如此类的生态故事以及“锄禾日当午，汗滴禾下土。谁知盘中餐，粒粒皆辛苦”等名言警句，去培养家庭成员热爱自然、勤劳节约、简朴反奢等良好德性。

社会公德、职业道德、家庭美德、个人品德建设是一个相互联系、相互交融的有机体系，家庭美德教育不仅要注重尊老爱幼、男女平等、夫妻和睦、勤俭持家、邻里互助内容，也要与社会公德对接起来，推动践行以文明礼貌、助人为乐、爱护公物、保护环境、遵纪守法为主要内容的社会公德，让垃圾分类、使用环保袋子、节约用餐等成为生活习惯。没有规矩不成方圆。对于任何家庭来说，家规都是需要的。每个家庭在订立成文不成文的家规时，应当吸收和体现上述的和、中、俭、节、恕、廉等中国传统生态伦理智慧，去激励、感召、教育、指导家庭成员积极奉行生态道德规范。

（三）注重生态伦理社会教育

社会教育是比家庭教育、学校教育更为宽泛的教育形态，它大体是由政府部门、社团组织、个人以及其他社会力量创办的教育类型，包括社区教育、单位职业教育、公共教育、特色教育、大众教育、职业教育和继续教育，等等。社会教育是直接面向社会又以社会政治经济为背景的教育类别，它比学校教育、家庭教育具有更广阔的活动余地，影响面更为广泛，更能有效地对整个社会发生积极作用。应当借助于社会教育拓展生态伦理影响的群体范围，让爱自然、爱环境在整个社会蔚然成风。要创新生态伦理社会教育的内容与形式，编写通俗易懂、易于接受的生态伦理社会教育教材，利用现代化的科技手段如网络课堂和播放视频等传播生态伦理和环境道德知识，设立生态教育基地，让受众接受生态道德教育更加便捷和直观可感。

加强生态社会教育，应当注意吸收儒家凸显生态道德情感教育的优秀传统。儒家弱势人类中心主义的生态伦理情怀以其丰富、积极的价值内涵，不但在历史上曾一定程度上起到了保护自然和促进社会健康发展的积极作用，在今天生态危机日趋严重的情势下，也能够带来人与自然关系的生态道德智慧。它将人类与自然万物置于同等的地位，看成是和谐统一的整体，并主张人将自己的道德情感倾注于天地万物，促使人类与自然和睦相处。这启示我们在今天的生态道德社会教育中，不仅要致力于使人们确立人与自然平等的价值观念，确立人对自然的道德责任，确立可持续发展和永续发展的理念，还要以一种仁爱的态度注重生态的整体和谐，以促进人与自然的融合，培育“生态人”的人格范型，实现人与自然的协调发展。儒家生态伦理思想提倡对天地万物拥有博爱之心，这也符合人类的道德情感，是当前进行生态道德教育的一种有效资源。北宋理学大师程颐一次见家人买了一大堆小鱼来喂猫，他看见小鱼口吐白沫，于是就将小鱼放到书房前的石池子里，看着鱼儿在水中欢快地游玩，他不禁感慨：“吾读古圣人书，观古圣人之政禁，数罟不得入洿池，鱼尾不盈尺不中杀，市不得鬻，人不得食。圣人之仁，养物而不伤也如是。……鱼乎！鱼乎！感吾心之戚戚者，岂止鱼而已乎？”[①] 可见，由内心焕发出来的爱心与怜悯之情，其情感力量是多么令人感怀。在生态道德建设中，对人们进行情感上的教育，激发人们对自然万物的“恻隐之心”“悯恤之心”，能够培养人类保护生物的自觉意识，有助于促进人与自然的友爱相处。

三　注重环境道德建设

也许是出于人类中心主义的思维定式和价值取向，现今仍有许多

---

① （宋）程颢、程颐：《二程集·河南程氏文集》卷第8，王孝渔点校，中华书局2004年版，第579页。

人反对人对动植物及其他物种具有伦理义务，把道德限定于人间范围之内。我们虽然不完全赞同一些学者倡导的物种中心论或生态中心主义，但基于生态失衡、环境污染等导致人的自然环境被破坏，基于自然之物是人际之间、代际之间关系的中介，基于动植物本身也具有灵性，当然也是基于生态伦理与环境伦理的交融性，认为应在全社会大力倡导环境道德，并期望它们早日成为主流意识话语。

之所以要提出在全社会培育环境道德，首先是因为环境道德具有极为丰富而深刻的内涵。与生态伦理相同，它不仅是调节人与人、人与社会之间关系的行为规范和基本品质，也是用以调节人与自然、人与文化之间关系的行为规范。环境道德既由于它的公共性而同公共道德密切相关，又因为它涉及生态问题而同生态伦理互相交叉。其次是因为环境是每个人生存、享受和发展的重要条件，是人类生产生活的资源贮藏地，它为人带来诸多便利和享受，不论是为了社会可持续发展还是为了每个人的切身利益，都应保护环境、美化环境、优化环境。再次是因为当今环境问题日益紧迫，特别是工业化和城市化造成了环境恶化和生态失衡之类的严重问题，环境既带来了环保之利又造成了环保之害的双重挑战。最后是社会伦理形态十分丰富，包括工作伦理、公共伦理、家庭伦理、社会交往伦理、职业伦理等类型，环境伦理是其中不可或缺的重要组成部分，而作为社会所推崇的普遍性道德也应反映生态环保方面的要求。总之，加强环境道德建设，有助于促进天人关系和谐发展。

加强环境道德建设，应考虑从以下四大方面入手。

（一）构建环境道德规范体系

环境道德规范作为调节人与环境之间关系而制定的行为准则，它通过奖惩机制实现对人的环境行为的调控。从理论上说，阐释环境伦理规范的内涵、形式和作用是环境伦理学的重要使命，美国环境伦理学家戴斯·贾丁斯就指出："环境伦理学假设人类对自然界的行为能够而且也一直被道德规范约束着。环境伦理学的理论必须（1）解释这些规范；（2）解释谁或哪些人有责任；（3）这些责任如何被论证。"[①] 从实践上说，加强新时代中国社会环境道德建设，必须致力于构建一系列相关的行为规范，使人明确自己在环境保护方面的道德责任。笔者认为构建较为完善、可行的环境道德规范体系，应重视建立完善环境道德规范、容纳环境道德权利与环境道德义务以及致力于把环境道德规范转化为人的行为遵循。

1. 建立完善环境道德规范

要改变环境道德规范真空、脱节、简单、含糊、冲突等问题，使人涉及环境的行为规范化、合理化。为此，一方面要善于继承和发展中西方优秀的生态伦理规范和环境道德规范，另一方面要根据现实社会生产生活概括总结出一些新的环境道德规范，制定出如讲究卫生、遵守秩序、文明礼貌、爱护公共文化设施、文明上网等积极意义的环境伦理命令，以及诸如不许乱丢东西、不许践踏花草、不能乱倒污物等消极意义上的环境道德规范。

2. 容纳环境道德权利与环境道德义务

环境道德规范就其内容来说主要规定了人面对环境可以做什么的道德权利和应该做什么、不应该做什么以及如何做的道德义务，也就是说环境道德规范是环境道德权利和环境道德义务的统一体。这就提示我们构建完善的环境道德规范，应当兼顾环境道德权利和环境道德义务的双重内容，不能有所偏废。

英国著名环境伦理学家简·汉考克所撰的《环境人权：权力、伦理与法律》一书，系统地阐述了环境与人权之间的政治、伦理与法律

① ［美］戴斯·贾丁斯：《环境伦理学——环境哲学导论》（第三版），林官民、杨爱民译，北京大学出版社2002年版，第12页。

关系，内容包括理性、认识论与环境人权，结构性权力与环境人权，环境人权的社会需要，对环境人权主张的正式回应，拥有免遭有毒污染环境的人权和拥有自然资源的人权等。[①] 不难看出，汉考克把环境人权主要分为免遭有毒污染环境的人权和拥有自然资源的人权两种类型，体现了一种非人类中心主义的环境权利观。汉考克的环境人权思想突破了传统的人权观念，确认了人权不能限于人类社会领域，而要将自然环境作为重要的资源纳入其中，这是一个巨大的历史性进步。

不过，汉考克把拥有自然资源的占有、分配、消费、使用的积极权利作为环境权利的一项重要内容应当说较为恰当，但是他把免遭有毒污染环境视为环境权利的另一项重要内容则是不够的。这是因为环境污染仅仅是环境破坏的内容之一，环境破坏的内涵极为丰富，它是指人类不合理地开发、利用自然资源而引起的生态环境退化、损害，包括盐碱化、水土流失、土壤沙化、资源枯竭、气候变异、生态平衡失调，等等。如果把"免遭有毒污染环境的权利"换成"免遭有害环境的权利"或是"拥有适宜、健康、美丽、有序的环境的权利"，就更为合适、更为周延。更为重要的是，汉考克所讲的环境人权主要是人的环境法律权利，而完全忽略了人的环境道德权利。与之不同，生态伦理学和环境伦理学所强调的环境权利不光指向人的环境法律权利，更是指人的环境道德权利："生态伦理学所倡导的自然权利并不是要人类匍匐于自然力的控制之下，而是要使人们唤起自己的良知、义务感和责任感，自觉地维护人的环境权利。"[②]

总之，环境道德规范要科学地反映环境道德权利与环境道德义务的内容，就应当坚持环境道德权利与道德义务的统一，既要体现人类平等享用、获得、消费环境资源的道德权利，也要突出强调人保护环

---

① 参见［英］简·汉考克《环境人权：权力、伦理与法律》，李隼译，重庆出版集团重庆出版社 2007 年版。

② 李培超：《自然的伦理尊严》，江西人民出版社 2001 年版，第 153 页。

境、维护生物多样性和环境的有序性、审美性的道德义务，绝不能出于人类的自高自大、自私自利而践踏自然环境的价值、需求、愿望和权利。

3. 把环境道德规范转化为人的行为遵循

建立环境道德规范的目的就是对人的环境行为进行调控、约束和限制，防止一些人绕开或突破它的约束和限制，阻止人们对它的疏离感，从而杜绝环境道德规范失灵。为了使环境道德规范得到大家广泛的认同，以充分发挥它的约束效能、激励功能、导向功能，除了要构建相应的奖惩机制、让人们树立在环境道德规范面前人人平等的共同体意识之外，还必须使人们掌握环境道德规范的有关知识，对与自己相关的环境道德规范的地位作用、意义价值、利弊得失、优劣好坏有较为清醒的认识。要注意培育人们对环境道德规范的敬畏感，通过学习、模仿、灌输等多种方式，努力使人把一般的环境道德规范、原则内在化，转化为自我认同的自律精神和付诸实施的行动准则，并据此使人在处理同环境的关系时有所遵循。只有通过社会教育和自我修养使社会认可和共享的各种环境道德规范内化，转变成社会主体的自律意志，才能促进生态文明和环境制度文明的发展，消解由人与自然、人与环境之间对立所产生的各种负面影响。

（二）培育环保道德意识

环境之所以出现恶化，在很大程度上与人们的环保意识淡薄有关。应当说随着中国社会文明程度的提高，随着环保事业的发展，尤其科学发展理念的提出，广大人民群众的环保意识得到了强化。但是，不可否认，许多人尤其是一些企业的管理者、生产者、经营者的环保观念不够强，导致环保问题十分突出。究其原因，主要是某些地方领导为了扩大政绩，允许、保护乃至纵容破坏环境的行为；少数企业负责人只顾眼前的经济利益，不惜大肆掠夺资源，向工厂外排放污染物，有的为了多挣钱，让工人在极端恶劣的环境下长时间劳作；有的企业缺乏社会责任感，只注意搞好自己内部小环境，而不管周边环境是否受到破坏，等等。

为了不断强化人们的环保道德意识，就应使经济社会发展同自然环境之间实现良性互动，把环保道德融入环保工作和环保事业之中，动员广大群众参与到环保实践中来，在活动中亲身感受环保带来的好处，借以培育人们的环保情感、环保观念、环保信念、环保理想和环保品质。

培育环保道德意识，环境道德教育不能缺席。而优化环境道德教育，就应把它纳入整个公民道德教育体系之中，借助于深入广泛的群众性环保道德教育，使人们形成爱护环境光荣、破坏环境可耻的荣辱观，提高众人对环保重要性的认识，使之懂得每一个人都应承担一定的环保义务。要通过对人的环境道德教育，使之转化为自觉的意志、信念和实践，化他律为自律，提高公众参与建设环境道德的自觉性、主动性和创造性。最为重要的是，应教育人们理智地认识到保护环境意味着保护自己的家园，美化环境关系到每个人生产生活条件的改善和生存质量的提高；人类对待环境的态度和作为直接关系到一个地区、一个国家乃至全世界能否可持续发展，如果不对日益严重的环境污染和生态危机采取有效的防治，不遏制资源浪费和环境掠夺，就会使中国现代化严重受挫，就会祸及我们的子孙后代。与此同时，也要教育人们不仅认识到正确处理人与人之间的关系以构建完美的人际环境是公民应尽的职责，还要意识到保护动植物不受侵害同样是不能逃避的生态义务。

（三）强化环境保护法制建设

法制和道德都是维护、规范人们思想和行为的重要手段，彼此相互区别又相互联系、相互补充。一方面，法是道德的最小限度，是道德的底线，道德具有次重要性，而法律具有最重要性；道德具有自律性、理想性、利他性，法律具有他律性、现实性和利己性；法律是统治阶级通过国家权力机关制定和实施的，以其权威性和强制手段规范社会成员的行为（法治），道德是社会约定俗成的，它通过主体内心信念、社会舆论和传统习惯等来发挥作用，并以其说服力和劝导力提高社会成员的思想认识和觉悟水平。另一方面，法律和道德之间常常相互支持，以法律来支持道德，以道德来支持法律，道德通过影响立法、司法、社会成员而影响法的运行，法律则通过制度上的优势和强力手段的优势来保证上升为法律的那一部分道德规范的运行。

正是由于道德与法律存在上述的关联，所以要加强环境道德建设，就必须借助于法律的力量，就必须加快环境保护法制建设进程，据此助成环境伦理建设，规范人们的环境保护行为。第一，汲取儒家的“取之有时”生态伦理思想，规定在育林期不得滥伐幼树，禁止在幼林地内砍柴、放牧，在禁渔期禁止捕捞“怀卵亲体”。第二，对森林行限额采伐，鼓励植树造林、封山育林，扩大森林覆盖面积。第三，合理使用草原，防止过度放牧，在捕鱼时不得使用禁止的渔具、捕捞方法和小于规定的最小网目尺寸的网具进行捕捞，禁止炸鱼、毒鱼，禁止使用军用武器、毒药、炸药进行捕猎，等等。诸如此类的环境保护法律在一定程度上吸收了生态伦理的合理要素，犹如葛荣晋所指出的，从这些法律条文中可以看出，儒家“取物不尽物”的原则在今天仍具有强大的生命力。[①] 在今天的环境保护立法过程中，要结合各种资源的生态规律，制定更加道德化、人性化、具体化的环保法律法规，加快环境法制建设进程。

① 葛荣晋：《试评儒家生态哲学思想及其现代价值》，《长安大学学报》2002 年第 1 期。

四　继承中国传统生态伦理资源

中西方伦理学者在探讨全球性生态危机的产生根源时，肯定了它与西方理性主义和工业文明不当发展的关联性，并转而试图从中国古代生态伦理思想中寻找智慧。张锐指出，人与自然和谐发展的中国传统理念与当前提倡的生态伦理学观念存在诸多相近或相似之处，如儒家的“天人合一”思想尽管主要强调的是一种精神境界，但也显示出古人尊重自然、敬畏自然的意识和实现天地人“三位一体”的追求，倡导关爱天地万物；道家主张人类不能干涉世间万物的发展，而应顺应和效法自然的发展规律和发展方式，即所谓“人法地，地法天，天法道，道法自然”；佛教强调世界上万事万物和人都是平等的，劝导人们“爱物厚生”、慈悲为怀，也是“天人合一”世界观的一种反映。[①] 李培超论及生态伦理学理论建构的文化基础时强调要注重挖掘华夏文明的生态智慧，这些智慧主要包括“天人合一”的哲学蕴含、独具特色的审美趣味、宗教文化的“重生”意识和“生态智慧的具体应用”。[②]

就中国传统生态伦理主流思想来讲，儒家不仅创设了天人一体、天人合德、天人合心、天人同道等“天人合一”的宇宙论图式，还把自然伦理化，要求人以一种伦理情怀把仁孝之德和恻隐之心外化到宇宙生物特别是动植物上去，提出了仁民爱物、乐山乐水、一体之仁、民胞物与、敬天畏命等生态伦理智慧，同时还构建了天人相参、取物以时、强本节用等生态实践伦范，这些同当代生态保护主义、生态哲学和可持续发展观相贯通。

---

① 参见张锐《生态伦理学的若干前沿问题》，《人民日报》2010 年 1 月 15 日。

② 参见李培超《自然的伦理尊严》，江西人民出版社 2001 年版，第 207—244 页。

不论是先秦孔子的敬天畏命、钓而不纲、不时不食、乐山乐水，孟子的仁民爱物、不违农时，荀子的强本节用、开源节流、外节于物，还是宋明时期张载的民胞物与、程颐的养物不伤，这些天人之学观念均表达了儒家一贯的仁者情怀和重生爱物的人文精神。它以尊重自然规律、顺应万物之情的实践态度和行为方式努力追求人与自然的共生共存、和谐相处，它确立了人不仅对人同时对物的环境责任和主体意识，有利于为人的生存和发展创造良好的物质环境。中国古代儒家的天人之学具有当代西方生态学和生态哲学所缺少的内在优势，尤其是重视人与天地万物之间的感情心理因素。西方近代生态理论和环境保护主义的兴起在很大程度上是全球性生态危机所造成的震撼和恐惧，而儒家的天人一体之学主要不是受到自然惩罚的结果，而是建立在本然的情感和深刻的体认之上。① 为了解决当今人类面临的生态环境危机，就应汲取儒家旨在促进天人和谐、保护人的生态家园的伦理传统，对儒家天人之学进行批判性的诠释和合理性吸收，继承和发展其中具有普适价值的优秀思想遗产，如仁民爱物、取舍有度、用之有节等。可以相信，充分挖掘儒家天人之学的生态智慧，必定能实现马克思所期望的自然主义和人本主义有机统一的社会理想。

不过，许多学者也认识到中国传统生态伦理思想存在一定的局限性。张锐认为这主要体现在两个方面：一方面，现代生态伦理学追求的人与自然和谐发展是一种积极的态度，它建立在认识和改造自然的实践基础上，而中国传统文化所强调的“天人合一”“道法自然”等生态伦理理念则在一定程度上体现了一种“顺天”“无为”的消极态度，忽视了改造自然对促进人与自然和谐发展的积极作用；另一方面，中国传统文化蕴含的宗法伦理以及存在用道德化的自然规律压制

① 牟钟鉴：《儒学价值的新探索》，齐鲁书社 2001 年版，第 51 页。

人的个性和自由的倾向，也在一定程度上妨碍了人对自然界的认识和利用。[①] 同样地，李培超也看到了中国传统伦理文化与当代生态伦理之间的实质冲突，原因大体是中国传统“天人合一”的天人观体现的是原始思维的系统性和混沌的整体性、宗法伦理色彩较为浓厚、回归自然情绪充满矛盾和无奈。[②]

的确，中国古代的天人之学所包含的生态哲学及种种保护生物与环境的见解，都具有朴素的性质，表现出人类童年时期纯真美好的情感，缺乏严格的论证和成熟的体系，在具体内容上无法与近现代生态学与生态环境伦理学的细密严谨相比。儒家的天人之学毕竟是在自然经济的社会历史背景下，基于“天人合一”的本体论世界观、以恻隐之心为内核的仁爱情感、受制于自然之物相对匮乏所应有的开源节流的实践理性以及自然之物的生息规律，而发展起来的用以协调人与自然环境之间关系的思想学说，今天要发挥它在保护人生存、发展和享受的物态环境的作用，解决人与自然的对抗，发展完善生态伦理这一新兴伦理形态，一是必须根据当代自然社会状况赋予儒家各种天人合一观念、命题以新的内涵，把生态伦理与生态法律有机结合起来；二是必须剔除其中的神秘主义、直觉主义以及模糊性、朴素性等杂质，以实现天人关系意识的更新和视角的变换，科学地匡正人与自然关系的价值取向；三是必须在对传统儒家生态伦理思想进行全面发掘、整理的基础上向西方现代和后现代科学学习，借鉴其生态学、系统论、自然科学论等科学方法，将各种中外理论与实践彼此进行融合与会通，以补充传统儒家生态伦理思想的理性思维、逻辑论证的不足，努力促进它从传统形式向现代形式转换。

---

① 参见张锐《生态伦理学的若干前沿问题》，《人民日报》2010 年 1 月 15 日。

② 参见李培超《自然的伦理尊严》，江西人民出版社 2001 年版，第 244—257 页。

五 推动生态文明建设

2007年，党的十七大报告首次写入了“生态文明”。2012年，党的十八大报告提出形成中国特色社会主义经济建设、政治建设、文化建设、社会建设、生态文明建设“五位一体”总体布局，完善了由物质文明、精神文明、政治文明、社会文明和生态文明所构成的五大文明体系。2015年，中共中央、国务院印发了《关于加快推进生态文明建设的意见》，就生态文明建设的总体要求、基本原则和主要目标做出全面专题部署，并确定了生态文明建设的时间表和路线图。

党的十八大之后，中国生态文明建设取得了重大进展和积极成效，但总体上资源约束趋紧、环境污染严重、生态系统退化、发展与人口资源环境之间的矛盾日益突出等问题没有得到根本解决。2017年，党的十九大报告围绕生态文明建设和生态环境保护又提出了许多新思想、新要求、新目标和新部署，充分肯定了生态文明建设的地位与作用：“生态文明建设功在当代、利在千秋。”“建设生态文明是中华民族永续发展的千年大计。”而在回顾中国生态文明建设的成就时，它指出：“大力度推进生态文明建设，全党全国贯彻绿色发展理念的自觉性和主动性显著增强，忽视生态环境保护的状况明显改变。生态文明制度体系加快形成，主体功能区制度逐步健全，国家公园体制试点积极推进。全面节约资源有效推进，能源资源消耗强度大幅下降。重大生态保护和修复工程进展顺利，森林覆盖率持续提高。生态环境治理明显加强，环境状况得到改善。”① 并强调要牢固树立社会主义生态文明观，推动形成人与自然和谐发展现代化建设新格局，加强对

① 本书编写组编著：《党的十九大报告辅导读本》，人民出版社2017年版，第6页。

生态文明建设的总体设计和组织领导。

正如第一章所述，生态伦理或环境道德与生态文明是有机一体的，前者为后者的发展提供重要的道德资源和行为规范。因而可以说，加强生态文明建设，是建构生态伦理的有效路径和必然要求，因此我们既要像上一章阐述的那样努力奉行简约适度的生活方式，同时注重生态文明日常生活实践，舍弃天人分立世界观、物质主义自然观、极端利己主义人生观、消费主义道德观、科技万能知识观等，并且要实施生态文明建设战略、推动文明的生态化和加强美丽中国建设。

（一）实施生态文明建设战略

要使中国生态文明建设卓有成效，就要积极实施生态文明建设战略。为此，要建立中国特色生态文明体系、树立生态文明发展理念和确立生态文明发展方式。

1. 建立中国特色生态文明体系

20 世纪 60 年代以来，西方发达国家利用技术优势和资本实力力图缓解自身的生态危机，并利用生态霸权而转嫁生态包袱、剥削他国生态资源，在一定程度上发展了生态文明，环境质量有了提升。作为世界上最大的发展中国家，中国要在推动全球化、反对逆全球化，继续坚持对外开放的前提下，注意构筑生态安全“防火墙”，防止一些国家和地区把高污染企业、产业转移到我国，努力吸收民族文化中的生态思想资源，建立中国化的生态文明体系。由于发达资本主义国家的工业文明使得资本逻辑与生态逻辑的冲突更加尖锐，而社会主义国家的工业文明由于社会制度的优势可以在很大程度上缓解资本逻辑与生态逻辑的矛盾，因此我们在推进工业文明和农业文明生态化的过程中，要注重发挥自身社会主义的制度优势，并借助于融汇信息文明成果，建立完善中国生态化的社会主义高级工业文明。

2. 树立生态文明发展理念

中国特色社会主义建设需要坚定不移贯彻创新、协调、绿色、开放、共享五大发展理念，生态文明建设同样需要坚定不移贯彻创新、协调、绿色、开放、共享五大发展理念。不唯如此，生态文明本身就代表着人类文明新的发展方向，也代表着新的发展理念，它更为充分体现了协调、绿色和共享理念。由此可见，创新、协调、绿色、开放、共享五大发展理念与中国特色生态文明建设是有机统一、内在一致的。为了更好地实施生态文明建设战略，笔者认为除了遵循为大家耳熟能详的协调、绿色和共享理念外，还必须树立一些新的时代理念。

一是"绿水青山就是金山银山"的理念。这一理念不仅体现了爱惜自然、尊重自然的价值观，彰显了旨在回归自然、拥抱自然的审美生活情趣，也表达了珍惜自然资源、注意保护生产生活环境的美好愿望。大力弘扬"绿水青山就是金山银山"的理念，将会激发人民与自然保持和谐的生态伦理情怀，确立绿色生产方式和生活方式，促进人居环境的改善，推动生态旅游、景观旅游和环保事业的发展。

二是"保护生态就是发展生产力"的理念。以往学界根据资源约束趋紧、环境污染严重、生态系统退化的严峻形势曾经提出了生态文明就是生产力的观点。应当说，"保护生态就是发展生产力"的理念与"保护生态环境就是保护生产力""生态文明就是生产力"是息息相通、一脉相承的。众所周知，组成物质生产力系统的要素包括劳动者、劳动资料、劳动对象，不论是劳动资料还是劳动对象都是由自然及其环境所提供、所承载的。如果由生产力要素组成的系统结构不对称、不协调，就会严重影响生产力的发展速度和发展质量。假如自然生态和社会生态失去了平衡，假如生态环境遭到严重污染，假如自然资源枯竭了，就会削弱人类的生产效率，就会阻碍生产力的正常发展。反之，具备良好的生态和优良的环境，就能够为生产力的提高创造坚实的自然基础，所以说保护生态就是发展生产力。根据"保护生态就是发展生产力”理念，就要在生态环境与经济发展之间做出合理的选择，使破坏的生态得到最大限度的恢复，使损害的环境得到最大限度的修复，以更好地发挥生态环境的生产力价值。

三是“尊重自然、顺应自然、保护自然”的理念。尊重自然是保持人与自然和谐相处应秉持的伦理态度。它要求人对自然心存敬畏之心，以一种平和的心态尊重自然界的一切生命、一切存在、一切创造、一切权利和一切价值，尊重和服从自然规律。它既超越了原始人类崇拜自然、畏惧自然的恐惧心理，又超越了近代以来那种轻视自然、藐视自然、征服自然、占有自然的彻头彻尾的利己主义、功利主义的自大自私观念。顺应自然是实现人与自然和谐相处应遵循的基本原则。尽管它并不完全否定人要制天、参天、胜天和制天，但更要求人不要逆天而行，要按照自然客观规律办事；主张人不要一味地依据自己的意志去对抗自然，也不要因为自己的无知而违背自然，做焚林而猎、涸泽而渔、杀鸡取卵之类的蠢事，而要充分认识和掌握自然事物的本性和规律，以此去顺应天道、弘扬天道。保护自然是人在处理与自然的关系时应当承担的道义责任和法律责任。它要求人依据自己高尚的价值取向、信念情感和社会的合理规章制度，尽自己的一切所能，去保护物种、保护生命、保护环境、保护生态……与所有灭绝动物、伤害生物、掠夺资源等破坏自然生态平衡的行为做坚决斗争。它提示人们在向自然界索取生存发展之需的同时不要忘记自己保护自然界生态系统的庄严责任，学会既为当代也为后代建设一个天更蓝、地更绿、水更净的美好家园。

3. 确立生态文明发展方式

生态文明建设是社会经济发展方式的根本转变，是一项全面而系统的工程，是一场全方位、系统性的绿色变革。实现生态文明发展方式，必须做好这样一些工作。

一是强化主体功能定位，优化国土空间开发格局。积极实施主体功能区战略，大力推进绿色城镇化，加快美丽乡村建设，加强海洋资源科学开发和生态环境保护。

二是推动技术创新和结构调整，提高发展质量和效益。要从根本上缓解经济发展与资源环境之间的矛盾，必须构建科技含量高、资源消耗低、环境污染少的产业结构，加快推动生产方式绿色化，大幅提高经济绿色化程度，有效降低发展的资源环境代价。

三是全面促进资源节约循环高效使用，推动资源利用方式根本转变。鉴于节约资源是破解资源瓶颈约束、保护生态环境的首要之策，因而要深入推进全社会节能减排，在生产、流通、消费各环节大力发展循环经济，实现各类资源节约使用和高效利用。

四是加大自然生态系统和环境保护力度，切实改善生态环境质量。注重保护和修复自然生态系统，全面推进污染防治，积极应对气候变化。

五是健全生态文明制度体系。通过实施健全生态文明法律法规、完善生态文明建设标准体系、健全自然资源资产产权制度和用途管制制度、完善生态环境监管制度、严守资源环境生态红线、完善生态文明建设经济政策、推行生态文明建设市场化机制、健全生态保护补偿机制、健全生态文明建设政绩考核制度、完善生态文明建设责任追究制度等一系列战略举措，建立一套系统完整的生态文明制度体系，以引导、规范和约束各类开发、利用、保护自然资源的行为，用制度保护生态环境。

六是加强生态文明建设统计监测和执法监督。坚持问题导向，针对薄弱环节，加强统计监测、执法监督，为推进生态文明建设提供有力保障。

七是加快形成推进生态文明建设的良好社会风尚。提高全民生态文明意识，积极培育生态文化和生态道德；培育绿色生活方式，倡导勤俭节约的消费观；鼓励公众积极参与生态文明建设，维护公众环境权益。

（二）推动文明的生态化

从社会结构来说，推动中国生态文明建设就应注重物质文明生态化、精神文明生态化、政治文明生态化、社会文明生态化，而从技术结构来说，推动中国生态文明建设就应着力推进工业文明和农业文明的生态化。国际学术界不少人把农业文明称为“黄色文明”、工业文明称为“黑色文明”、生态文明称为“绿色文明”。在笔者看来，对三大文明做这样的区分也只是相对而言的，实际上，它们彼此往往相互交叉、相互依存，文明的生态化，或者是建设生态文明，既包括农业文明生态化，也包括工业文明生态化。

1. 农业文明生态化

作为“靠天吃饭”的第一产业，农业更加强调顺应自然、尊重自然、保护自然，因而更多体现了生态文明的内在要求。但是，纵观几千年来的农业文明，它同样给生态文明带来了较大的挑战，因此需要使之生态化。第一，包括种植业、养殖业等在内的传统农业需要从土壤、大气、水分等自然资源中获取收成，它对自然的改造、利用有时也会破坏自然生态，例如开垦土地、兴修水利、砍伐森林、放牧家畜等。第二，在自然经济条件下，农业采用人力、畜力、手工工具、铁器、机械等为主的手工劳动方式，运用选育良种、积肥施肥、防治病虫害、改良土壤、改革农具、利用能源、实行轮作制等技术固然有益于生态文明的形成发展，但是它也会带来浪费水资源、环境污染、生态系统功效低等负生态文明问题。第三，即使是现代农业也由于它要大力使用工业产品以提高产量，也会对自然生态产生负面影响。譬如大型农业机械的使用会带来噪声、压坏道路，许多看似无毒农产品实则有毒——如果食用不当也会伤害人体，养殖业的发展、农药的推广与生态伦理强调的保护动植物观念存在一定的冲突等。正是因为看到现代农业造成了土壤侵蚀、化肥和农药用量上升、能源危机加剧、环境污染等生态危机，自20世纪70年代以来，世界上一些国家和地区按照生态学原理和生态经济规律调整农业结构和农业生产方式、生产手段，注重运用系统工程方法、现代科学技术和采用集约化经营的农业发展模式，发展优质、高产、低耗的生态农业，例如施用有机肥，实行轮作、复种，种植豆科作物和绿肥以及农牧结合等，为老百姓提供了安全无害的绿色食品，实现了经济效益、社会效益和生态效益的有机统一，从而为农业文明生态化提供了典范和方向。

2. 工业文明生态化

虽然笔者不赞同把生态文明视为继工业文明之后的新文明，也不认同汪信砚所说的生态文明是一种工业文明生态化后的文明形态，本质上属于工业文明类型,[①] 而认为它是一种高于物态文明的文明，但承认生态文明是包括工业文明在内的所有文明形态生态化的产物。工业文明生态化是完全必要的。尽管说人类一切历史上的和现有的文明都存在生态—不生态的“二律背反”现象，但是不能不说传统工业文明是造成当今生态危机、环境破坏的“罪魁祸首”，只有大力发展绿色的高新技术并用之武装工业，使传统工业向新工业转型，最大限度地增加工业系统中的生态文明要素，工业文明才能具有旺盛的生命力和长久的生产力，才能成为生态文明的加速器。工业文明生态化也是完全可能的。且不说工业文明本身包含一定的生态文明因子，许多工业技术是生态的、环保的，而且它本身也具有自我革新、自我调整的要求和潜力，短期内工业文明不会也不应该被废止，人类将长期需要它并赋予它生态化不竭的动力；人类应当立足于现有工业文明的基础不断推进生态化，创建生态化程度更高的工业文明。卢风曾经带有总结性地说：“现代工业文明是不可持续的，建设生态文明是人类文明

① 参见汪信砚《生态文明建设的价值论审思》，《武汉大学学报》（哲学社会科学版）2020年第3期；汪信砚《新冠疫情背景下生态文明建设若干问题再思考——对王凤才、张云飞、王雨辰教授等人文章的回应》，《东岳论丛》2020年第8期。

的必由之路。”[①] 笔者认为，建设生态文明是人类文明的必由之路完全正确，但把生态文明与工业文明对立起来并断言工业文明不可持续则显得有点武断。也许工业文明作为一个总体文明形态最终将被其他文明形态如信息文明所取代，但只要促使它不断生态化，那么它就会持续较长时间，而具有长久的生命力。

（三）加强美丽中国建设

党的十九大报告根据“人与自然是生命共同体”的理念，提出了加快生态文明体制改革、建设美丽中国的战略要求，强调我们要建设的现代化是人与自然和谐共生的现代化，既要创造更多物质财富和精神财富以满足人民日益增长的美好生活需要，也要提供更多优质生态产品以满足人民日益增长的优美生态环境需要。[②] 美丽中国建设的根本目的从短期来说是建设一个宁静、和谐、美丽的自然世界，实现生产发展、生活富裕、生态良好，满足广大人民群众对美好生活的新期待；从长远来说不仅要使中华民族实现可持续性发展，而且要实现永续发展。

建设美丽中国，诚然要像王丽、杜玉奎所说的那样吸收儒家“天人合一”“万物一体”的生态伦理精神旨归和基本原则、“节用爱物”“取之有度”的生态伦理基本实践准则、“参赞化育”“与天地参”的生态伦理根本价值取向、“顺应天常”“圣王之制”的生态伦理根本要求和“和与中和”“和乐之美”的生态伦理理想境界，[③] 但最根本的是坚持生命共同体理念，遵守尊重自然、顺应自然、保护自然的基本原则，坚持节约资源和保护环境的基本国策，同时积极实施绿色发

---

① 卢风：《论生态伦理、生态哲学与生态文明》，《桂海论丛》2016 年第 3 期。

② 本书编写组编著：《党的十九大报告辅导读本》，人民出版社 2017 年版，第 49—50 页。

③ 参见王丽、杜玉奎《儒家生态伦理之意蕴与建设美丽中国》，《光明日报》2015 年 7 月 6 日。

展的伟大战略，以提升生态系统的质量，增强自然世界的稳定性、平衡性、有序性和审美性。

1. 坚持节约资源

坚持节约资源的基本国策，坚持节约优先、保护优先、自然恢复为主的方针，形成节约资源和保护环境的空间格局、产业结构、生产方式、生活方式。一是推进节能减排。推进资源全面节约和循环利用，实施国家节水行动，降低能耗、物耗，实现生产系统和生活系统循环链接。全面推动重点领域节能减排，开展重点用能单位节能低碳行动，实施重点产业能效提升计划。严格执行建筑节能标准，加快推进既有建筑节能和供热计量改造，大力推广可再生能源在建筑上的应用。优先发展公共交通，优化运输方式，推广节能与新能源交通运输装备，鼓励使用高效节能农业生产设备。开展节约型公共机构示范创建活动，强化结构、工程、管理减排，削减主要污染物排放总量。二是发展循环经济。按照减量化、再利用、资源化的原则，加快建立循环型工业、农业、服务业体系，提高全社会资源产出率。完善再生资源回收体系，实行垃圾分类回收，开发利用“城市矿产”，推进秸秆等农林废弃物以及建筑垃圾、餐厨废弃物资源化利用，发展再制造和再生利用产品，鼓励纺织品、汽车轮胎等废旧物品回收利用。推进煤矸石、矿渣等大宗固体废弃物综合利用。组织开展循环经济示范行动，大力推广循环经济典型模式。推进产业循环式组合，促进生产和生活系统的循环链接，构建覆盖全社会的资源循环利用体系。三是加强资源节约。节约集约利用水、土地、矿产等资源，大幅降低资源消耗强度。建设节水型社会，加强用水需求管理，以水定需、量水而行，抑制不合理用水需求，促进人口、经济等与水资源相均衡；推广高效节水技术和产品，发展节水农业，加强城市节水，推进企业节水改造，提高水资源安全保障水平。按照严控增量、盘活存量、优化结构、提高效率的原则，加强土地利用的规划管控、市场调节、标准控制和考核监管，严格土地用途管制，推广应用节地技术和模式。发展绿色矿业，加快推进绿色矿山建设，促进矿产资源高效利用，提高矿产资源开采回采率、选矿回收率和综合利用率。

2. 坚持保护环境

鉴于中国目前人均资源相对不足、生态环境脆弱、生态环境恶化的趋势未能得到有效遏制的现实，应实行最严格的生态环境保护制度，着力多方面地加强环境保护。一是加大生态保护力度。积极开展水资源生态保护、矿产资源生态保护、旅游资源生态保护、生物多样性保护、生物物种资源保护等，设立众多生态自然保护区。实施重要生态系统保护和修复重大工程，构建生态廊道和生物多样性保护网络。统筹山水林田湖草系统治理，完成生态保护红线、永久基本农田、城镇开发边界三条控制线划定工作。开展国土绿化行动，完善天然林保护制度，扩大退耕还林还草，强化湿地保护和恢复。严格保护耕地，扩大轮作休耕试点，健全耕地草原森林河流湖泊休养生息制度。二是加强环境治理。坚持全民共治、源头防治，持续实施大气污染防治行动，打赢蓝天保卫战。加快水污染防治，实施流域环境和近岸海域综合治理。强化土壤污染管控和修复，加强农业面源污染防治，开展农村人居环境整治行动。推进荒漠化、石漠化、水土流失综合治理，加强地质灾害防治。构建政府为主导、企业为主体、社会组织和公众共同参与的环境治理体系。积极参与全球环境治理，落实减排承诺。三是防止环境污染。按照以人为本、防治结合、标本兼治、综合施策的原则，建立以保障人体健康为核心、以改善环境质量为目标、以防控环境风险为基线的环境管理体系。继续落实大气污染防治行动计划、水污染防治行动计划、土壤污染防治行动计划。加强固体废弃物和垃圾处置，提高污染排放标准，强化排污者责任，健全环保信用评价、信息强制性披露、严惩重罚等制度。

3. 推进绿色发展

加快建立绿色生产和消费的法律制度和政策导向，建立健全绿色低碳循环发展的经济体系。构建市场导向的绿色技术创新体系，发展绿色金融。调整优化产业结构，采用先进适用节能低碳环保技术改造提升传统产业，加快淘汰落后产能，逐步提高淘汰标准，禁止落后产能向中西部地区转移。壮大节能环保产业、清洁生产产业、清洁能源产业和可再生能源产业，推进能源生产和消费革命，调整能源结构，推动传统能源安全绿色开发和清洁低碳利用，不断提高非化石能源在能源消费结构中的比重，构建清洁低碳、安全高效的能源体系。倡导简约适度、绿色低碳的发展方式和生活方式，反对奢侈浪费和不合理消费，开展创建节约型机关、绿色家庭、绿色学校、绿色社区和绿色出行等行动。大力推进绿色城镇化，大力发展绿色建筑和低碳、便捷的交通体系，推进绿色生态城区建设。加快美丽乡村建设，加强农村基础设施建设，强化山水林田路综合治理，加快农村危旧房改造，支持农村环境集中连片整治；开展农村垃圾专项治理，加大农村污水处理和改厕力度；大力发展农业循环经济，治理农业污染，提升农产品质量安全水平；依托乡村生态资源，在保护生态环境的前提下加快发展乡村旅游休闲业；引导农民在房前屋后、道路两旁植树护绿，以环境整治和民风建设为重点，扎实推进文明村镇创建。

六　开展生态道德活动

生态伦理的建构最为重要的途径之一大概就是生态实践活动，这乃是因为人们在各种各样的生态环境保护活动中能够使人砥砺生态道德意志、获取生态伦理智慧、锻炼生态履行能力，而生态伦理则在生态环保活动中得到锤炼、得到实现、得到升华。应在日常生活实践中提升和锻造公民的道德素养与生态道德品格。必须清楚的是，这里所讲的生态道德活动本质上是指以一种道德关怀的态度保护自然、保护动植物、保护环境和播撒绿色、亲近自然、爱护自然、促进生态平衡、推动环境美化优化净化等社会性实践活动。它既包括一些规模较小的各种带有主题性、伦理性的，推动人与自然和谐相处的社会实践活动，也包括某些大型的、带有方向性的，充分展现生态环保道德理念的社会运动。只有在不浪费粮食、不随地吐痰、不乱扔垃圾、不践踏绿地等细微的道德行为中不断磨炼自己的生活习惯，只有在参与较为大型的各种生态环保活动中反复践习，才能把尊重自然、保护自然、节约资源、绿色生产、绿色消费等生态道德理念和道德规范转化为自身的良好生态伦理品格。

从 20 世纪初起，随着西方生态伦理和环保伦理的逐步兴起，国际上先后掀起了动物保护运动、动物解放运动、素食主义运动。自 20 世纪 60 年代以来，与妇女解放运动、反种族运动、和平运动等遥相呼应，西方世界影响巨大的生态环境运动迅速崛起，一些志在保护生态环境、防止环境污染的“绿色”政党和民间组织也不断涌现。1972 年召开的“联合国人类环境大会”及其通过的“人类环境宣言”，以及世界各国 20 世纪 80 年代和 90 年代签署的一连串有关环境保护的宣言、协议，更是把世界环境保护运动推向高潮。这些生态环境运动极大地增强了人们的生态环境保护意识，提高了人对自然、对动植物的道德关怀热情，彰显了自然的道德权利与道德义务，实现了天人之间关系的根本性道德转换。

改革开放特别是 20 世纪以来，中国越来越重视生态环境保护。加强了海洋生态环境的综合管理，设立了众多湿地自然保护区、生态功能保护区、自然保护区、生态示范区和文明生态村等，积极开展水资源开发生态保护、矿产资源开发生态保护、旅游资源开发生态保护、生物多样性保护、生物物种资源保护和农村环境综合整治等。一些地方、一些单位也开展了形式多样、丰富多彩的生态环境保护活动，例如生态环境保护服务日活动、生态环境司法保护系列活动、生态环境保护志愿活动、植树节活动、“光盘行动”、生态修复活动，等。

更值得一提的是，中共中央、国务院把生态环境保护活动纳入整个公民道德建设的总体布局之中加以谋划。2019 年 10 月中共中央、国务院印发的《新时代公民道德建设实施纲要》（以下简称《新纲要》），不仅进一步强调全面推进社会公德、职业道德、家庭美德、个人品德建设，而且在新时代的历史背景下重申推动践行以文明礼貌、助人为乐、爱护公物、保护环境、遵纪守法为主要内容的社会公德。

《新纲要》凸显了绿色发展和生态道德，指出绿色发展、生态道德是现代文明的重要标志，是美好生活的基础、人民群众的期盼，因此要积极践行绿色生产生活方式，推动全社会共建美丽中国；坚持人与自然和谐共生，引导人们树立尊重自然、顺应自然、保护自然的理念，树立“绿水青山就是金山银山”的理念。与此同时，《新纲要》从实践操作层面强调要增强节约意识、环保意识和生态意识，开展创建节约型机关、绿色家庭、绿色学校、绿色社区、绿色出行和垃圾分类等行动，倡导简约适度、绿色低碳的生活方式，拒绝奢华和浪费，引导人们做生态环境的保护者、建设者；围绕世界地球日、世界环境日、世界森林日、世界水日、世界海洋日和全国节能宣传周等，广泛开展多种形式的主题宣传实践活动。

要把生态道德活动引向深入，真正推进当代中国生态伦理的实践建构，就应采取行之有效的方法方式。其一是要搭建一些群众方便参与、乐于参与的生态道德活动平台，以便充分调动广大群众参与生态环境保护活动的积极性、主动性和创造性，激发他们的生态道德和自然道德的潜能和活力。其二是丰富生态道德实践活动的内容。应坚持从构建和谐世界的大处着眼，从弘扬生态美德的深处着力，从群众美好环境需求的期望入手，精心策划，把敬畏生命、珍惜生命、尊重自然、节约资源、简约适度、爱护动物等思想理念融入各项活动之中，开展爱心救助动物、志愿者服务生态环境、创建和谐天人观、绿色出行、家园保洁、环保监督、文明祭祀等行动。其三是建立规范化的推进生态道德建设和环境道德建设的阵地。加强城乡社区生态道德活动室建设，建成众多环境道德建设示范点，实施一批生态道德建设公益项目和环境道德建设工程，创建强大的生态服务志愿者队伍。

参考文献

一　著作

（一）中国古代典籍

杨伯峻：《论语译注》，中华书局2009年版。

杨伯峻：《孟子译注》，中华书局2010年版。

（清）王先谦：《荀子集解》，沈啸寰、王星贤整理，中华书局2012年版。

（魏）王弼注，楼宇烈校释：《老子道德经注》，中华书局2011年版。

《庄子注疏》，（晋）郭象注，（唐）成玄英疏，中华书局2011年版。

《左传》，郭丹、程小青、李彬源译注，中华书局2012年版。

杨朝明、宋立林主编：《孔子家语·弟子行》，齐鲁书社2013年版。

吴毓江撰，孙启治点校：《墨子校注》，中华书局2006年版。

黎翔凤撰，梁运华整理：《管子校注》，中华书局2004年版。

《礼记正义》，（汉）郑玄注，（唐）孔颖达疏，龚抗云整理，王文锦审订，朱学勤主编：《十三经注疏》，北京大学出版社1999年版。

（汉）董仲舒：《春秋繁露》，张世亮、钟肇鹏、周桂钿译注，中华书局2012年版。

（汉）司马迁：《史记》，中华书局 2009 年版。

《张载集》，章锡琛点校，中华书局 1978 年版。

（宋）朱熹：《四书章句集注》，中华书局 2011 年版。

《朱子语类》，（宋）黎靖德编，王星贤点校，中华书局 1994 年版。

（二）中国近现代著作

《习近平总书记系列重要讲话读本》，人民出版社 2016 年版。

《党的十九大报告辅导读本》，人民出版社 2017 年版。

朱贻庭主编：《伦理学大辞典》，上海辞书出版社 2002 年版。

傅斯年：《性命古训辨证》，上海古籍出版社 2012 年版。

李泽厚：《中国古代思想史论》，天津社会科学院出版社 2008 年版。

蒙培元：《人与自然——中国哲学生态观》，人民出版社 2004 年版。

葛荣晋：《道家文化与现代文明》，中国人民大学出版社 1991 年版。

牟钟鉴：《儒学价值的新探索》，齐鲁书社 2001 年版。

赵馥洁：《中国传统哲学价值论》，人民出版社 2009 年版。

梁涛：《郭店竹简与思孟学派》，中国人民大学出版社 2008 年版。

张德昭：《深度的人文关怀：环境伦理学的内在价值范畴研究》，中国社会科学出版社 2006 年版。

唐力权：《周易与怀德海之间》，辽宁大学出版社 1997 年版。

柳卸林主编：《世界名人论中国文化》，湖北人民出版社 1991 年版。

唐代兴：《生境伦理的人性基石》，上海三联书店 2013 年版。

涂可国、赵迎芳：《文化现实与文化建构——中国社会文化研究》，山东人民出版社 2017 年版。

涂可国：《社会哲学》，山东人民出版社 2001 年版。

陈荣荣、刘英骥主编：《现代企业形象塑造》，经济管理出版社 1997 年版。

黄河涛主编：《现代市场的美学冲击》，人民出版社 1996 年版。

荣滋自主编：《企业文化之星》，中国工人出版社 2004 年版。

刘湘容：《生态伦理学》，湖南师范大学出版社 1992 年版。

叶平：《生态伦理学》，东北林业大学出版社 1994 年版。

余谋昌：《惩罚中的醒悟：走向生态伦理学》，广东教育出版社 1995 年版。

余谋昌：《生态伦理学：从理性走向实践》，首都师范大学出版社 1999 年版。

余谋昌：《生态哲学》，陕西人民教育出版社 2000 年版。

余谋昌：《自然价值论》，陕西人民教育出版社 2003 年版。

余谋昌：《环境伦理学》，高等教育出版社 2004 年版。

曹孟勤：《生态伦理哲学基础反思》，南京师范大学出版社 2004 年版。

任春晓：《环境哲学新论》，江西人民出版社 2003 年版。

裴永川、林灿铃、陆显禄:《环境伦理学》，高等教育出版社 2002 年版。

徐嵩龄：《环境伦理学进展：评论与阐释》，社会科学文献出版社 1999 年版。

陈敏豪：《生态——文化和文明的前景》，武汉出版社 1995 年版。

雷毅：《生态伦理学》，陕西人民教育出版社 2000 年版。

雷毅：《深层生态学：阐释与整合》，上海交通大学出版社 2012 年版。

李培超：《自然的伦理尊严》，江西人民出版社 2001 年版。

王子彦主编：《环境伦理的理论与实践》，人民出版社 2007 年版。

曾建平：《环境公正：中国视角》，社会科学文献出版社 2013 年版。

高清海主编：《马克思主义哲学基础》，人民出版社（上册）1986 年版；人民出版社（下册）1987 年版。

黄学军主编：《社会主义思想道德文化建设概论》，山东人民出版社 1996 年版。

佘正荣：《生态智慧论》，中国社会科学出版社 1996 年版。

佘正荣：《中国生态伦理传统的诠释与重构》，人民出版社 2002 年版。

卢风：《人类的家园》，湖南大学出版社 1996 年版。

林娅：《环境哲学》，中国政法大学出版社 2000 年版。

欧阳志远：《最后的消费——文明的自毁和补救》，人民出版社 2000 年版。

杨通进：《走向深层的环保》，四川人民出版社 2000 年版。

南文渊：《藏族生态伦理》，民族出版社 2006 年版。

觉醒主编：《佛教与生态文明》，宗教文化出版社 2009 年版。

陈红兵：《佛教生态哲学研究》，宗教文化出版社 2011 年版。

张立文主编：《天人之辨：儒学与生态文明》，人民出版社 2013 年版。

蒋朝君：《道教生态伦理思想研究》，东方出版社 2006 年版。

白才儒：《道教生态思想的现代解读：两汉魏晋南北朝道教研究》，社会科学文献出版社 2007 年版。

韩立新：《环境价值论》，云南人民出版社 2005 年版。

宋志明：《中国传统哲学通论》，中国人民大学出版社 2012 年版。

金元浦主编：《中国文化概论》，中国人民大学出版社 2015 年版。

邱仁宗：《国外自然科学哲学问题》，中国社会科学出版社 1991

年版。

杨通进、高予远编：《现代文明的生态转向》，重庆出版集团重庆出版社 2007 年版。

（三）译著

《马克思恩格斯选集》第 1 卷，人民出版社 1995 年版。

《马克思恩格斯选集》第 4 卷，人民出版社 1995 年版。

《马克思恩格斯全集》第 42 卷，人民出版社 1979 年版。

［德］恩格斯：《自然辩证法》，人民出版社 2015 年版。

［德］黑格尔：《自然哲学》，梁志学译，商务印书馆 1997 年版。

［美］约翰·罗尔斯：《正义论》，何怀宏、何包钢、廖申白译，中国社会科学出版社 1988 年版。

［德］赫尔曼·哈肯：《协同学：大自然构成的奥秘》，凌复华译，上海译文出版社 2013 年版。

［美］雷切尔·卡逊：《寂静的春天》，吕瑞兰、李长生译，吉林人民出版社 1997 年版。

［美］罗德里克·弗雷泽·纳什：《大自然的权利：环境伦理学史》，杨通进译，青岛出版社 1999 年版。

［美］汤姆·雷根：《动物权利研究》，李曦译，北京大学出版社 2010 年版。

［澳大利亚］彼得·辛格：《动物解放》，孟祥森、钱永祥译，光明日报出版社 1999 年版。

［美］奥尔多·利奥波德：《沙乡年鉴》，侯文蕙译，商务印书馆 2019 年版。

［美］保罗·沃伦·泰勒：《尊重自然：一种环境伦理学的理论》，雷毅、李小重、高山译，首都师范大学出版社 2010 年版。

［美］霍尔姆斯·罗尔斯顿：《环境伦理学——大自然的价值以

及人对大自然的义务》，杨通进译，许广明校，中国社会科学出版社2000年版。

［美］霍尔姆斯·罗尔斯顿：《哲学走向荒野》，刘耳、叶平译，吉林人民出版社2000年版。

［法］阿尔贝特·史怀泽：《敬畏生命》，［德］汉斯·瓦尔特·贝尔编，陈泽环译，上海社会科学院出版社1992年版。

［德］汉斯·萨克塞：《生态哲学》，文韬、佩云译，东方出版社1991年版。

［美］彼得·S. 温茨：《环境正义论》，朱丹琼、宋玉波译，上海人民出版社2007年版。

［美］彼得·S. 温茨：《现代环境伦理》，宋玉波、朱丹琼译，上海人民出版社2007年版。

［美］马克·贝科夫：《动物的情感世界》，宋伟等译，科学出版社2008年版。

［英］简·汉考克：《环境人权：权力、伦理与法律》，李隼译，重庆出版集团重庆出版社2007年版。

［美］戴斯·贾丁斯：《环境伦理学——环境哲学导论》（第三版），林官民、杨爱民译，北京大学出版社2002年版。

［美］亨利·梭罗：《瓦尔登湖》，徐迟译，吉林人民出版社1997年版。

［美］大卫·雷·格里芬：《后现代精神》，王成兵译，中央编译出版社1998年版。

［美］大卫·雷·格里芬：《后现代科学——科学魅力的再现》，马季方译，中央编译出版社1998年版。

［美］E. 拉兹洛：《决定命运的抉择：21世纪的生存抉择》，李吟波、张武军等译，生活·读书·新知三联书店1997年版。

二　文章

杨通进：《要重视生态伦理学的研究》，《道德与文明》1988 年第 3 期。

余谋昌：《生态伦理学是新时代的潮流》，《哲学动态》1988 年第 10 期。

［美］J. B. 科利考特：《生态学的形而上学含义》，余晖译，《自然科学哲学问题》1988 年第 4 期。

张云飞：《生态伦理学的进展》，《哲学动态》1989 年第 4 期。

王正平：《论人与自然关系的道德问题》，《哲学研究》1989 年第 5 期。

刘湘溶：《生态伦理学初探》，《求索》1991 年第 1 期。

叶平：《生态权利观和生态利益观探讨》，《哲学动态》1995 年第 3 期。

章建刚：《人对自然有伦理关系吗?》，《哲学研究》1995 年第 4 期。

王国聘：《生存智慧的新探索——现代环境伦理的理论与实践》，《南京社会科学》1997 年第 4 期。

詹献斌：《对环境伦理学的反思》，《北京大学学报》（哲学社会科学版）1997 年第 6 期。

李辛生：《科技发展与生态文明观》，《广东社会科学》1997 年第 6 期。

章建刚：《环境伦理学中一种"人类中心主义"的观点》，《哲学研究》1997 年第 11 期。

郑慧子：《人对自然有必然的伦理关系》，《自然辩证法研究》1997 年第 11 期。

李培超：《关于生态伦理学研究中的几个问题》，《哲学研究》1998 年第 1 期。

李德顺：《从“人类中心”到“环境价值”》，《哲学研究》1998年第2期。

王国聘：《中国传统文化中的生态伦理智慧》，《科学技术与辩证法》1999年第1期。

佘正荣：《拓展生态伦理学的文化境域》，《自然辩证法研究》1999年第2期。

李培超：《论自然价值：对一个生态伦理学概念的辨析》，《湖南师范大学学报》（哲学社会科学版）1999年第4期。

魏德东：《佛教的生态观》，《中国社会科学》1999年第5期。

张来仪：《马克思主义生态理论述略》，《华南师范大学学报》（哲学社会科学版）2000年第1期。

雷毅：《环境伦理与国际公正》，《道德与文明》2000年第1期。

卢风：《自然的主体性和人的主体性》，《湖南师范大学学报》（哲学社会科学版）2000年第2期。

杨通进：《多元化的环境伦理剖析》，《哲学动态》2000年第2期。

叶平：《关于环境伦理学的一些问题——访霍尔姆斯·罗尔斯顿教授》，中国人民大学复印报刊资料《伦理学》2000年第2期。

章建刚：《“内在价值”的含义与环境伦理学》，《思想战线》2000年第5期。

葛荣晋：《试评儒家生态哲学思想及其现代价值》，《长安大学学报》2002年第1期。

傅华：《中国生态伦理学研究状况述评》，《北京行政学院学报》2002年第1期、第2期。

甘绍平：《我们需要何种生态伦理？》，《哲学研究》2002年第8期。

李承宗、胡水清：《辨析生态伦理研究的三个误区》，《湖南大学学报》（社会科学版）2003年第1期。

马克林：《宗教的生态伦理思想及现代意义》，《新疆社会科学》

2003 年第 1 期。

任俊华：《孔子生态伦理思想发微》，《道德与文明》2003 年第 6 期。

任俊华：《论中国佛教的生态伦理思想》，中国人民大学复印报刊资料《伦理学》2003 年第 12 期。

张宁：《海洋的红色警告》，《大连日报》2004 年 6 月 17 日。

胡绍华：《阿斯旺大坝的经验教训》，《中国三峡建设》2004 年第 3 期。

王妍：《对生态伦理本质的哲学思考》，《北华大学学报》（社会科学版）2004 年第 4 期。

刘爱国：《浅论当代生态伦理学》，《湖南行政学院学报》2004 年第 6 期。

任俊华：《厚德载物与生态伦理——〈周易〉古经的生态智慧观》，《孔子研究》2005 年第 4 期。

任俊华：《论道德经的生态伦理思想》，《湖南社会科学》2005 年第 6 期。

余正荣：《生命共同体：生态伦理学的基础范畴》，《南京林业大学学报》（人文社会科学版）2006 年第 1 期。

肖群忠：《“生活伦理”论》，《中国人民大学学报》2006 年第 1 期。

王海明：《论道德共同体》，《中国人民大学学报》2006 年第 2 期。

任俊华：《论儒家生态伦理思想的现代价值》，《自然辩证法研究》2006 年第 3 期。

任俊华：《建设生态文明的重要思想资源——论中国古代生态文明》，《伦理学研究》2008 年第 2 期。

段玉明：《佛教环保技术试析——以峨眉山为例》，《云南社会科学》2009 年第 1 期。

张锐：《生态伦理学的若干前沿问题》，《人民日报》2010 年 1 月 15 日。

赵磊、王平：《儒家人学思想对当代中国人学理论建构的意义》，《理论月刊》2010 年第 11 期。

丁常云:《道家思想对生态环境保护的启示》,《中国环境报》2010 年 11 月 29 日 。

高扬、曹文斌：《中国佛教生态伦理的思想基础》，《中国宗教》2011 年第 11 期。

洪梅、李建华：《寻“孔颜乐处”的生态价值取向——从周敦颐到程颢、程颐》，《齐鲁学刊》2012 年第 4 期。

余治平：《“生生”与“生态”的哲学追问》，《黑龙江社会科学》2013 年第 1 期。

吉恩煦：《从〈周礼·地官司徒〉中观儒家人本生态思想》，张立文主编：《天人之辨：儒学与生态文明》，人民出版社 2013 年版。

朱耀洪：《我国传统生态伦理观及其当代价值》，《人民日报》2014 年 7 月 18 日。

薛勇民、马兰:《论儒家仁爱思想的生态伦理意蕴及其当代意义》，《学习与探索》2015 年第 3 期。

高志民:《〈老子〉中的生态伦理思想》,《人民政协报》2015 年 4 月 2 日。

张颂恩:《北欧人喜欢简约生活》,《环境教育》2015 年第 4 期。

蔡方鹿:《儒家生态伦理思想的现实意义》,《人民日报》2016 年 1 月 29 日。

赵麦茹:《先秦儒家的生态伦理思想》,《光明日报》2016 年 2 月 12 日。

陈红兵、杨龙：《道家的“无为而治”及其可持续发展意义》，《江苏行政学院学报》2017 年第 2 期。

王丽、杜玉奎：《儒家生态伦理之意蕴与建设美丽中国》，《光明日报》2015 年 7 月 6 日。

路中林：《杜绝各类“浪费合理”的行为》，《南方日报》2017 年 1 月 20 日。

肖显静：《加快构建中国特色生态哲学》，《人民日报》2017 年 11 月 27 日。

林乐昌：《论张载的生态伦理观及其天道论基础——兼论张载生态伦理观的现代意义》，《当代儒学》第 12 辑，广西师范大学出版社 2017 年版。

徐兆寿：《中国传统文化中的生态文明智慧》，《光明日报》2018 年 6 月 16 日。

陈红兵、杨晓春:《传统生态思想文化的局限及其当代转型》，《思想战线》2019 年第 2 期。

龙静云：《从新冠肺炎疫情看生态道德建设》，《光明日报》2020 年 2 月 17 日。

王丽、杜玉：《儒家生态伦理之意蕴与建设美丽中国》，《光明日报》2015 年 7 月 6 日。

卢风：《论生态伦理、生态哲学与生态文明》，《桂海论丛》2016 年第 3 期。

《科学家警告土地威胁 32 亿人福祉》，2018 年 3 月 28 日，参考消息网。

汪信砚：《生态文明建设的价值论审思》，《武汉大学学报》（哲学社会科学版）2020 年第 3 期。

汪信砚：《新冠疫情背景下生态文明建设若干问题再思考——对王凤才、张云飞、王雨辰教授等人文章的回应》，《东岳论丛》2020 年第 8 期。

王凤才:《生态文明：人类文明 4.0，而非“工业文明的生态化”——兼评汪信砚〈生态文明建设的价值论审思〉》，《东岳论丛》2020年第8期。

张云飞：《面向后疫情时代的生态文明抉择》，《东岳论丛》2020年第8期。

《带头制止餐饮浪费　切实培养节约习惯　建设风清气正的政治机关》，《人民日报》2020年8月17日。

后　记

本书是按照2016年11月召开的第四届尼山世界文明论坛的议题“传统文化与生态文明——迈向绿色·简约的人类生活”而设计的重大招标课题“生态伦理研究”的最终结项成果，目的是揭示和倡导一种绿色、简约、适度、理性、文明的生活方式，并为此阐发具有现代性的深厚伦理基础。在全人类尚未摆脱新冠肺炎带来的困顿之际，我们深深感到构建健康的生态伦理和生态文明如同空气一般不可或缺。十几年来，我们致力于在儒学界创建儒学形态学，大力张扬社会儒学、文化儒学、生命儒学、道德儒学、人类儒学，等等。生态伦理的要义即是科学认识和合理处理天人关系，它是人类儒学需要探究的中心话题，借本课题的完成我们力图重建一种与现代社会相协调的新型天人观。

山东社会科学基金管理办公室将“生态伦理研究”这一重大而光荣的任务交与我们，体现了对我们的信任与雅爱，在此特地表示谢忱。本课题组重要成员山东社会科学院国际儒学研究与交流中心的刘云超副研究员、文化研究所的李玲副研究员为课题的顺利完成提供了大量宝贵资料、贡献了自己的智慧，必须对他们的付出表达谢意。中国社会科学出版社责编孙萍不辞辛劳地对拙作精心编辑，令我们深受感动。由于时间、精力的限囿，加之学识不逮，书中必定存在这样或那样的错漏，恳请读者诸君多多斧正。

涂可国于泉城

2020 年 11 月